Série A. N° 14

N° D'ORDRE

353

THÈSES

PRÉSENTÉES

A LA FACULTÉ DES SCIENCES DE PARIS

POUR OBTENIR

LE GRADE DE DOCTEUR ÈS SCIENCES NATURELLES

PAR

C. E. BERTRAND

Préparateur du cours de botanique à la Faculté des sciences de Paris.

1re THÈSE. — ANATOMIE COMPARÉE DES TIGES ET DES FEUILLES CHEZ LES
GNÉTACÉES ET LES CONIFÈRES.

2e THÈSE. — PROPOSITIONS DONNÉES PAR LA FACULTÉ.

Soutenues le   juillet 1874 devant la Commission d'examen.

MM. HÉBERT   *Président :*
      DUCHARTRE
      DE LACAZE DUTHIERS   *Examinateurs.*

PARIS

G. MASSON, ÉDITEUR

LIBRAIRE DE L'ACADÉMIE DE MÉDECINE

PLACE DE L'ÉCOLE-DE-MÉDECINE

1874

A

M. LE COMTE DES FOSSEZ

Hommage respectueux.

L'AUTEUR.

PREMIÈRE THÈSE

ANATOMIE COMPARÉE

DES TIGES ET DES FEUILLES

CHEZ LES GNÉTACÉES ET LES CONIFÈRES

Par M. C. E. BERTRAND.

INTRODUCTION

Il y a plusieurs années déjà, à la suite d'études sur les *Abies*, je fus conduit à rechercher si l'on pouvait différencier anatomiquement les espèces de ce genre. Je reconnus alors qu'il était possible de tirer de l'examen de la structure anatomique des organes végétatifs (tiges et feuilles) de ces plantes d'excellents caractères spécifiques. Dans une première note, je fis connaître les résultats de mes observations, et en même temps j'appelai l'attention sur les rapports que j'avais trouvés entre les *groupes spécifiques naturels* et la *distribution géographique* des plantes qu'ils contiennent. Je trouvai une sorte de parallélisme entre la flore de l'ancien continent et la flore de l'Amérique du Nord; plus tard, je trouvai le même parallélisme entre la flore des îles australiennes et la flore de l'Amérique du Sud.

Ce premier essai fut le point de départ d'un travail plus considérable, dont j'ai consigné les résultats dans le présent mémoire.

"

Je me suis proposé d'*étudier comparativement les caractères anatomiques des tiges et des feuilles des Gnétacées et des Conifères*, et en même temps de *déterminer les rapports qui existent entre la distribution géographique de ces plantes et leur classification naturelle*. Pour arriver à ce but, j'ai étudié l'anatomie des organes végétatifs de chacun des genres de ces deux familles ; puis j'ai comparé entre elles toutes ces monographies.

Depuis longues années déjà, l'attention des botanistes avait été attirée à plusieurs reprises sur les Conifères. La question de la *gymnospermie*, les phénomènes remarquables de la *fécondation*, avaient amené les anatomistes à s'occuper de la structure de ces plantes, etc. Une autre question d'un grand intérêt avait aussi provoqué des recherches sur le même sujet ; il s'agissait de déterminer l'espèce de bois des Conifères que l'on trouve le plus fréquemment parmi les bois flottés. Toutefois la question n'était pas épuisée ; personne encore ne s'était proposé de faire l'anatomie comparée des Conifères. Les mémoires de MM. Geyler, Wiesner, Schröder, Thomas, étaient des essais nécessitant des études plus complètes et plus approfondies.

C'est dans ces conditions que j'entrepris mon travail. Comme je l'ai déjà dit, je fis d'abord une monographie de chaque genre ; car, en dehors de l'anatomie du *Taxus baccata* par A. B. Frank, et de quelques recherches de Hugo de Mohl, H. Schacht, Th. Hartig, MM. Göppert et Dippel, rien de semblable n'avait encore été fait. Cette lacune comblée, je comparai entre elles toutes ces monographies, et je trouvai qu'à l'exception des *Cupressinées*, encore faut-il retrancher de celles-ci les genres *Cryptomeria*, *Taxodium* et *Fitz-Roya*, que tous les genres pouvaient être différenciés anatomiquement. D'où cette première conclusion, les genres des Conifères sont séparés l'un de l'autre par des différences beaucoup plus tranchées que les autres genres des Phanérogames. Alors je rapprochai les genres voisins ; je séparai les genres dissemblables ; j'établis de la sorte une classification dans les Conifères et dans les Gnétacées. J'ai placé cette classification en tête de mon étude de la structure anatomique des genres de chacun de ces groupes.

Ce premier travail terminé, je comparai entre elles les structures des espèces de chaque genre ; j'établis de la sorte des groupes spécifiques naturels, et en mettant en regard de chaque espèce le pays qu'elle habite, je trouvai les rapports des classifications spécifiques naturelles et de la distribution géographique.

Chemin faisant, je rencontrai quelques questions d'anatomie générale, comme la structure du liber, le parcours des faisceaux et des glandes résinifères et la décortication. Je trouvai encore quelques questions de morphologie que je me suis efforcé de résoudre : c'étaient les cladodes de *Phyllocladus*, les aiguilles du *Pinus monophylla* et du *Sciadopitys verticillata*.

J'ai divisé ce travail en deux parties : 1° les *Gnétacées*, 2° les *Conifères*. La première partie comprend trois paragraphes, la seconde en comprend cinq. Chacun des paragraphes de la seconde partie a été divisé en plusieurs paragraphes secondaires, contenant chacun un groupe de genres réunis entre eux par de grandes affinités.

Dans chacun de ces paragraphes secondaires, j'ai donné : 1° l'*historique* de l'état actuel de la science sur la question dont il est traité ; 2° la *structure de la tige*, faisceaux et tissu fondamental ; 3° la *structure de la feuille*, faisceaux et tissu fondamental ; 4° la *structure de l'écaille ;* 5° le *parcours des faisceaux primaires de la tige ;* 6° un *tableau synoptique des caractères anatomiques des espèces* dont il est question dans le paragraphe ; 7° la *synonymie et la distribution géographique* de ces plantes. Je me suis quelque peu écarté de cet ordre à propos du genre *Welwitschia*.

Des conclusions et quelques planches complètent le travail.

En terminant, j'adresserai mes remercîments aux savants professeurs du Muséum qui m'ont dirigé dans ces recherches que j'ai faites dans les laboratoires de l'École pratique des hautes études.

GNÉTACÉES.

Les Gnétacées contiennent trois genres

I. — *Welwitschia* Hooker.

II. — *Ephedra* Tournefort.

III. — *Gnetum* Linné.

I. — WELWITSCHIA Hooker.

Syn. : Tuoumboa Welw.

Historique. — Le genre *Welwitschia* ne contient qu'une espèce, le *W. mirabilis*, qui fut découverte, le 16 août 1860, par le docteur Welwitsch, au cap Negro, non loin de San-Paulo de Loanda. Les échantillons du docteur Welwitsch, arrivés en Angleterre au jardin de Kew en 1861 et 1862, furent décrits par le docteur J. D. Hooker en 1863 (1). Dans son beau mémoire sur cette plante, le savant botaniste essaya, mais ce ne fut qu'un essai, d'en donner l'anatomie. Depuis cette époque, les auteurs qui ont parlé du *Welwitschia*, faute de matériaux sans doute, n'ont fait que citer ce qu'avait dit M. J. D. Hooker (2).

Comme il m'a été donné, et c'est à M. J. Decaisne que j'en suis redevable, d'étudier un *Welwitschia* adulte sec, mais très-bien conservé, j'ai cru devoir reprendre l'étude de la structure anatomique de cette singulière plante.

Structure de la racine (3). — *Faisceaux.* — Le système

(1) Docteur J. D. Hooker, *The Welwitschia, a new Genus of Gnetaceæ*, London, 1863, in *Transact. of the Linnean Society*, vol. XXIV.

(2) Ed. Strasburger, *Die Gnetaceen und die Coniferen*, 1 vol. gr. in-8 avec 26 pl. Iena, 1873. — Sachs Julius, *Lehrbuch der Botanick*, in-8, Leipzig, 1873. — Otto Buch, *Seylerenschymzellen*. Breslau, 1870.

(3) La science ne possédant actuellement aucune donnée sur *la structure anatomique de la racine de Welwitschia*, j'ai cru devoir, en m'écartant un peu du sujet que

vasculaire d'une très-jeune racine secondaire se compose de
deux faisceaux de trachées (*t.t*, fig. 1. pl. 1) symétriquement
placés par rapport à l'axe de la racine (*c*, fig. 1, pl. 1) ; contre
ces trachées, entre celles-ci et le centre, se développent des
vaisseaux grêles (*v,v*, fig. 1, pl. 1), à ponctuations simples très-
étroites ; les deux amas de vaisseaux ne tardent pas à se rencontrer au centre de l'organe. Le liber primaire est représenté
par deux faisceaux diamétralement opposés de grosses fibres
libériennes. Le plan des faisceaux libériens est perpendiculaire
au plan des faisceaux vasculaires primaires.

A un âge plus avancé, on voit se former quatre arcs de cambium, deux à droite, deux à gauche du plan des faisceaux vasculaires primitifs. En se divisant tangentiellement en avant et en
arrière, ce cambium engendre d'un côté des fibres ligneuses
aréolées, dont quelques-unes se changent en vaisseaux aréolés
étroits ; de l'autre, des cellules cambiales, qui se transforment
les unes en fibres libériennes, quelques autres en fibres lisses, à
parois minces ; d'autres enfin se cloisonnent horizontalement,
donnant ainsi du parenchyme libérien (*l*, fig. 1, pl. 1).

Par suite des progrès du développement, les deux faisceaux
libéro-ligneux, qui étaient à droite du plan des faisceaux vasculaires primaires, se confondent en une seule masse libéro-
ligneuse (*a*, fig. 2, pl. 1). Les deux faisceaux de gauche se sont
également réunis. A ce moment, le cambium de ces faisceaux
libéro-ligneux engendre en avant (1) des fibres ligneuses, dont
un grand nombre se cloisonnant horizontalement donnent du
parenchyme ligneux, qui rappelle assez bien par son aspect du
liber primaire non épaissi ; en arrière des fibres libériennes
striées dans deux sens, du parenchyme libérien et des cellules
grillagées (fig. 9, pl. 1), sur leurs faces transversales, qui sont
extrêmement obliques, aussi bien que sur leurs faces latérales.

Pendant que les quatre faisceaux libéro-ligneux se réduisaient

je désire traiter dans ce mémoire, faire connaître les résultats de mes recherches sur
ce point.

(1) *En avant du cambium* veut dire entre ce tissu et le centre ; *en arrière du cambium* signifie compris entre le cambium et la périphérie.

à deux par suite des progrès du développement, il se formait de chaque côté du plan de ces deux masses libéro-ligneuses un certain nombre d'arcs de cambium qui engendreront des faisceaux libéro-ligneux secondaires, en tout semblables, comme structure élémentaire, à ceux que je viens de décrire. Ces faisceaux secondaires sont toujours séparés du système vasculaire primaire par une masse plus ou moins considérable de tissu fondamental (*b*, fig. 2, pl. 1). Ceci fait, de nouveaux arcs de cambium apparaissent dans le tissu fondamental, et forment de nouveaux faisceaux libéro-ligneux secondaires entre les faisceaux déjà existants et la tige ; mais toujours la partie ligneuse d'un faisceau secondaire regarde l'axe primitif de la racine (fig. 13, pl. 12).

Tissu fondamental et décortication. — Dans le jeune âge, le tissu fondamental de la racine se compose de cellules arrondies, et le système tégumentaire n'est représenté que par une couche de cellules épidermiques. Jusqu'au moment de l'apparition des faisceaux libéro-ligneux secondaires (*b*, fig. 2, pl. 1), les cellules du tissu fondamental grossissent, puis meurent et se dessèchent ; quelques-unes s'allongent aux deux extrémités, épaississent leurs parois, et se transforment en *fibres pseudo-libériennes* (1) ; d'autres se développent en cellules rameuses, dont les parois se sclérifient, c'est-à-dire que non-seulement elles s'épaississent, mais que, dans la membrane cellulaire même, il se forme des cristaux d'oxalate de chaux. Ce travail de destruction procède toujours de dehors en dedans, c'est-à-dire que les cellules des couches les plus extérieures meurent les premières. Il apparaît alors dans

---

(1) D'accord avec MM. G. Kraus (*a*) et Pfitzer (*b*), je donne le nom de *fibres hypo-dermiques*, d'*hypoderme*, aux cellules du tissu fondamental accolées contre la couche épidermique, lorsqu'elles présentent un développement particulier. Je désigne sous le nom de *fibres pseudo-libériennes*, de *cellules pseudo-libériennes*, les cellules du tissu fondamental non en contact avec l'épiderme, qui épaississent assez notablement leurs parois pour ressembler extérieurement à une fibre libérienne.

(*a*) Kraus, *Ueber den Bau der Cycadeen Fidern* (*Pringsh. Jahrb.*, Bd. III, Heft 2, 1865, Taf. xix-xxiii).
(*b*) Pfitzer, *Ueber d. Mensch Epidermis und der Hypoderma* (*Pringsh. Jahrb.* Bd. VIII, Heft 1 : — Bd. VII, Heft 4).

le tissu fondamental des arcs de phellogène, qui forment un anneau complet autour de la tige. Ce phellogène engendre, en se divisant tangentiellement en avant et en arrière, du suber herbacé et du liége (*a, b*, fig. 4, pl. 1). Les cellules du liége sont cubiques, petites, à parois très-minces; elles ne vivent que très-peu de temps. Les cellules du suber herbacé s'arrondissent, augmentent de volume, et forment un parenchyme qui a tous les caractères extérieurs du tissu fondamental ; quelques-unes des cellules de ce tissu se sclérifient.

L'état de choses que je viens de décrire ne persiste pas long-temps ; bientôt en effet de petits arcs de phellogène apparaissent de distance en distance dans le tissu résultant de la transforma-tion du suber herbacé, et détachent des lentilles de ce tissu.

Des faisceaux libéro-ligneux secondaires peuvent se former dans le suber herbacé.

Glandes résinifères (*g*, fig. 2, pl. 1). — Pendant que se for-ment les faisceaux libéro-ligueux, pendant que s'accomplissent les phénomènes qui ont pour résultat la formation de l'écorce crevassée (*rhytidome*), on voit se former des glandes résinifères dans le tissu fondamental, aussi bien que dans le suber herbacé, que j'appellerai d'un mot très-caractéristique, la *seconde écorce primaire* (1). La membrane des cellules qui vont prendre part à la formation d'une glande s'épaissit un peu, puis s'amincit en même temps qu'elle se dédouble; les cellules s'écartent, se séparent, et commencent en même temps à sécréter de la résine.

La résine dissoute dans l'essence de térébenthine est combinée au protoplasma ; ce n'est qu'à la mort de celui-ci que la résine devient libre, et que, filtrant alors à travers les membranes, elle tombe dans la lacune résultant de l'écartement des cellules glan-dulaires.

---

(1) Par le mot d'*écorce primaire* j'entends ici le tissu fondamental compris entre les faisceaux et le système tégumentaire.

A peu près en même temps que se forment les glandes résinifères (1), on voit apparaître, dans les membranes de certaines
cellules du tissu fondamental, des cristaux très-petits d'oxalate de
chaux (2). Ceci fait, la paroi peut s'épaissir (la cellule est alors
sclérifiée), ou bien au contraire rester mince. Dans les deux cas,
il arrive souvent que la membrane se dédouble, et que les cristaux semblent implantés ou accolés sur les parois cellulaires qui
bordent un méat intercellulaire.

NOTE A.

Historique des recherches sur les glandes résinifères des Conifères.

En 1837, Meyen (3) regarde la résine comme un produit de
sécrétion. M. Karsten (4) signale les glandes résinifères des feuilles
de *Podocarpus salicifolia*, et considère la résine comme un produit analogue à la gomme. *résultant d'une altération morbide des
parois cellulaires.*

H. Schacht en 1853 (5), et H. von Mohl en 1859 (6), repren-
nent la manière de voir de Meyen.

En 1860, M. Karsten confirme ses observations de 1847.

M. Wigand en 1861 (7), ainsi que M. Hooker en 1863,
acceptent les résultats de M. Karsten.

(1) Le Dr J. D. Hooker, dans son travail sur le *Welwitschia*, acceptant les observations de M. Karsten d'après lesquelles la résine ne serait que le résultat d'une altération morbide des parois cellulaires; M. Hooker, dis-je, annonça que le *Welwitschia*
a des *canaux à gomme;* pour cet auteur, le gonflement de la paroi qui précède la formation de la glande ne serait que le commencement d'un travail de désorganisation,
de dégénérescence gommeuse. (Pl. 12, fig. 14, *On the Welwitschia.*)

(2) Ce phénomène se rencontre très-fréquemment dans le liber des Conifères; j'aurai
donc l'occasion de revenir sur ce point. A ce propos, je dois encore rectifier la figure 15,
planche 12 du travail de M. Hooker cité plus haut. La coupe représentée sur cette
figure passe dans le voisinage d'une glande à résine où des granules de cette substance
paraissent avoir été pris pour des cristaux libres.

(3) Meyen, *Secretion-Organe d. Pflanz.* Berlin, 1837, in-8, sans planche.

(4) Karsten, *Vegetation-Organe d. Palmen* (*Abh. d. Berl. Akad.*, 1847, p. 208-231,
Taf. vii).

(5) H. Schacht, *Der Baum*, 1re édition.

(6) H. von Mohl, *Ueb. d. Gen. d. Terpenthin* (*Bot. Zeit.*, 1859, p. 333).

(7) Wigand, *Ueber die Desorganisation d. Pflanzenzelle* (*Pringsh. Jahrb.*, Bd. III,
Heft 3, 1861).

M. Dippel, en 1863, dans son étude sur les glandes résinifères d'*Abies pectinata* (1), nie les résultats de M. Karsten, et rejette par suite les idées de M. Wigand sur l'origine de la résine.

M. J. N. Müller, en 1867 (2), étudie la formation des glandes résinifères. M. J. Sachs, en 1872 (3), fait la même étude. Ils arrivent tous deux à cette conclusion, que la résine est un produit de sécrétion, et non un produit d'altération des parois cellulaires.

M. Van Tieghem (4) a étudié les glandes résinifères au point de vue de leur parcours, mais il n'a rien dit de leur mode de formation.

Structure de la tige. — La tige de *Welwitschia mirabilis* est un énorme cône très-court, dont le sommet est en bas, et dont la base, divisée en deux parties par un sillon profond, rappelle par sa forme une selle de cheval. Les deux feuilles cotylédonaires, les seules que ce végétal produise pendant toute sa vie, s'insèrent dans une gouttière profonde, qui existe sur le bord du plateau, à droite et à gauche de la dépression médiane. Les pédoncules floraux naissent au bord supérieur des gouttières cotylédonaires, presque à l'aisselle des cotylédons.

La tige adulte se compose de deux arcs de cambium qui longent les gouttières cotylédonaires (5), de trois espèces de faisceaux, d'une masse considérable de parenchyme fondamental, et d'une couche d'épiderme qui ne recouvre pas tout le végétal (fig. 14, pl. 12).

Tissu fondamental et système tégumentaire. — Le tissu fondamental se compose de cellules arrondies, courtes, dont un très-

---

(1) Dippel, *Histologie d. Coniferen* (Bot. Zeit., 1863).

(2) J. N. Müller, *Pringsh. Jahrb.*, Bd. V.

(3) J. Sachs, *Lehrbuch*.

(4) Van Tieghem, *Sur les canaux sécréteurs des plantes* (Ann. sc. nat., 5e série, 1873, t. XVI).

(5) Hooker (l. c.) parle d'une couche de méristème qui envelopperait toute la tige, mais que je n'ai jamais rencontrée.

grand nombre se transforment en sclérites (1). C'est à ces éléments que la partie extérieure de la tige doit son extrême dureté ; ces sclérites sont surtout extrêmement abondants dans la partie supérieure du plateau caulinaire.

De même que dans la racine, nous trouvons de distance en distance des glandes résinifères dans le tissu fondamental de la tige.

Le système tégumentaire n'est représenté que par une couche épidermique d'une seule rangée de cellules. L'épiderme, formé de grandes cellules perpendiculaires à la surface extérieure de la plante, part du collet, recouvre toute la partie inférieure de la plante, se réfléchit dans la gouttière cotylédonaire, et dans cette région se couvre de stomates ; il tapisse les deux faces des feuilles, se réfléchit de nouveau, sort de la gouttière, monte un peu le long du bord supérieur de celle-ci, puis disparaît. Les pédoncules floraux sont recouverts d'épiderme. Les couches cuticulaires et la cuticule sont extrêmement épaisses, et remplies de cristaux très-petits d'oxalate de chaux.

Faisceaux. — Les nombreux faisceaux que l'on rencontre dans la tige de *Welwitschia* peuvent se classer en trois groupes :

1° Les *faisceaux médians* (M, fig. 14, pl. 12);

2° Les *faisceaux ascendants* (A, fig. 14, pl. 12);

3° Les *faisceaux descendants* (D, fig. 14, pl. 12).

Les premiers se rendent dans les feuilles, les seconds vont dans les pédoncules floraux.

Les faisceaux descendants, ou faisceaux propres de la tige, se composent (fig. 12, pl. 1) de deux ou trois cellules ligneuses à ponctuations aréolées, de quelques fibres ligneuses, de quelques cellules cambiales lisses avec une ou deux fibres libériennes (2).

---

(1) Otto Buch a mentionné ces sclérites d'après M. Hooker, dans son mémoire cité plus haut, page 2 : *Sclerenchymzellen.* Breslau, 1872.

(2) Jamais ces faisceaux n'ont de trachées ; ce ne sont que des faisceaux secondaires.

Très-souvent, à un âge avancé, la partie libérienne de ces faisceaux est tellement atrophiée, qu'elle n'est presque plus visible. On ne trouve pas de gaîne protectrice autour des faisceaux descendants.

Quant au trajet des faisceaux descendants, on les voit partir de la partie inférieure du système des faisceaux médians, avec lesquels ils s'anastomosent peut-être (1) ; ils se recourbent vers la partie inférieure de la tige, se divisent en plusieurs branches grêles composées exclusivement de cellules ligneuses courtes et de fibres aréolées, qui communiquent largement ensemble. Arrivées dans le voisinage de l'épiderme, toutes les branches s'anastomosent entre elles et avec les branches terminales des faisceaux voisins, formant ainsi un lacis inextricable.

Quels sont les rapports des faisceaux descendants avec les faisceaux primitifs de la tige? L'échantillon unique que j'ai étudié ne m'a pas permis de résoudre cette question.

Structure de la feuille; faisceaux médians. — La feuille se compose d'un certain nombre de faisceaux vasculo-libériens parallèles entre eux, entourés de toutes parts par un parenchyme dont les cellules sont gorgées de chlorophylle ; le tout est recouvert d'une couche de cellules épidermiques.

Les faisceaux parallèles que nous trouvons dans la feuille partent du centre de la tige, où ils forment le système des faisceaux médians ; ils sont horizontaux ; ils traversent les zones cambiales qui bordent les gouttières cotylédonaires, et présentent en ce point un point d'accroissement intercalaire ; de là les faisceaux entrent dans la feuille (2). Chacun de ces faisceaux se compose (fig. 1, pl. 2) d'un certain nombre de grosses trachées, dont les spirales, très-volumineuses, ne contiennent pas de canalicules ;

____

(1) Le professeur J. Sachs, dans son *Lehrbuch der Botanik*, regarde les faisceaux descendants comme des ramifications des faisceaux horizontaux ; mais ce n'est là qu'une hypothèse qui ne repose d'ailleurs sur aucune observation. (Voy. la traduction française de cet ouvrage, p. 571.)

(2) Jamais, dans la région de leur parcours que j'ai pu étudier, je n'ai vu ces faisceaux se diviser ni former d'anastomoses.

seulement la substance qui constitue la spire n'est pas homogène(1) : sous les trachées, on trouve des fibres ligneuses aréolées (fig. 8, pl. 1); quelques-unes de ces fibres s'accroissent un peu plus que leurs voisines; elles communiquent largement ensemble, et représentent morphologiquement les gros tubes ponctués, que nous allons rencontrer chez les *Ephedra* et les *Gnetum*. Entre les trachées et les fibres ligneuses, il y a souvent des vaisseaux étroits à ponctuations simples. Sous les éléments ligneux, nous trouvons un arc de cambium qui conserve sa vitalité pendant assez longtemps (2) ; puis nous rencontrons un mélange de cellules grillagées dont les grillages sont très-fins, et de cellules cambiales cloisonnées horizontalement pour former du parenchyme libérien ; enfin, quelques fibres libériennes touchent les cellules de la gaine.

Au-dessus des trachées, entre celles-ci et la membrane protectrice, on trouve des cellules, les unes allongées, lisses, terminées en pointe ; les autres, courtes, dérivent des premières par cloisonnement transversal ; les cellules qui touchent les cellules de la gaîne sont fortement épaissies, et rappellent les fibres libériennes.

Chaque faisceau est entouré par une gaîne protectrice composée de cellules cubiques, dont les parois très-épaisses sont couvertes de ponctuations simples, très-profondes, qui donnent souvent naissance à de véritables réticulations.

Nous ne possédons rien sur les relations des faisceaux médians avec les faisceaux primaires du centre de la tige.

L'épiderme de la feuille a la même structure sur la face inférieure et sur la face supérieure de cet organe; il se compose de cellules cubiques un peu plus hautes que larges, et disposées en files parallèles aux nervures. De distance en distance, on rencontre les puits au fond desquels sont cachés les stomates (fig. 15, 16, pl. 1) ; ces organes ont été très-bien figurés par

---

(1) J. Sachs, *loc. cit.*

(2) L'orientation du faisceau est déterminée en supposant les trachées en haut et le liber en bas, c'est-à-dire comme dans la fig. 1, pl. 2. Cette position du faisceau est d'ailleurs celle qu'il présente dans la feuille.

M. Solms Laubach (1). Chaque stomate se compose d'une paire de cellules réniformes, encastrées à la partie inférieure de deux cellules épidermiques ; celles-ci sont placées à leur tour sous quatre autres cellules épidermiques. Par suite de cette disposition, les antichambres sont très-profondes ; les couches cuticulaires des cellules de l'épiderme sont très-volumineuses, et j'ai déjà dit qu'elles étaient criblées de très-petits cristaux d'oxalate de chaux.

Sous l'épiderme supérieur et au-dessus de l'épiderme inférieur, on trouve de volumineux faisceaux de fibres hypodermiques (2). Très-souvent on trouve aussi des faisceaux de fibres pseudo-libériennes entre les faisceaux fibro-vasculaires.

Le reste de la feuille est rempli par un parenchyme à cellules courtes, arrondies, qui rappelle assez bien le parenchyme en palissade, là où ce tissu touche l'épiderme. La plupart des cellules de ce parenchyme se transforment en sclérites, surtout celles qui touchent l'épiderme.

Il n'y a pas de glande résinifère dans la feuille.

Structure du pédoncule floral (3). — Le pédoncule floral se compose d'un certain nombre de faisceaux libéro-vasculaires ouverts, qui tous regardent l'axe de cet organe, au moins à la base du pédoncule. Chacun de ces faisceaux contient (fig. 18, pl. 1 ; fig. 2, pl. 2) (4) quelques trachées, quelques vaisseaux étroits, des fibres ligneuses plus ou moins volumineuses, une petite zone de cambium, dont l'activité s'éteint de très-bonne heure. Joignons à cela des fibres libériennes, quelques cellules

---

(1) Solms Laubach, *Ueber einige geformte Vorkoxalsauren Kalkes in Lebenden Zellmembrana* (Bot. Zeit., 1871, n°ˢ 31, 32, 33, Taf. vi).

(2) Ces fibres hypodermiques sont fortement épaissies et ne présentent aucun des caractères d'un tissu séveux, comme le dit M. Sachs, p. 576 (*loc. cit.*, p. 7).

(3) Je traiterai ici de la structure du pédoncule floral, parce qu'il me paraît indispensable de connaître la structure de ce pédoncule pour bien comprendre la structure de la partie supérieure de la tige.

(4) Les éléments du faisceau sont énumérés dans l'ordre même dans lequel on les rencontre en allant du centre du pédoncule floral à la périphérie.

cambiales lisses du parenchyme libérien, et quelques cellules grillagées à grillages très-peu accentués.

Le tissu fondamental, traversé par les faisceaux dont je viens de décrire la structure, se compose de cellules courtes, arrondies ou polyédriques, ou prismatiques, à parois assez épaisses et à ponctuations simples ; un grand nombre de ces cellules se transforment en fibres pseudo-libériennes. Une couche d'épiderme recouvre toute la surface de l'organe. Cet épiderme est composé de cellules cubiques, courtes, petites, très-différentes des cellules épidermiques de la feuille (fig. 17, pl. 1). De distance en distance, on trouve quelques stomates qui ont à peu près la même structure que chez les *Ephedra*.

Quelques-unes des cellules du tissu fondamental qui touchent l'épiderme s'épaississent beaucoup, formant ainsi quelques cellules hypodermiques. Ces éléments sont d'ailleurs très-peu importants.

Chaque pédoncule floral s'attache au fond d'un godet elliptique creusé dans le bord supérieur de la gouttière cotylédonaire. Les faisceaux du pédoncule floral pénètrent dans la tige, et vont directement se mettre en contact avec les faisceaux médians. Y a-t-il anastomose entre les faisceaux médians et les faisceaux des pédoncules floraux ? Je ne saurais le dire, je ne l'ai jamais vu. Quand un pédoncule floral tombe, il entraîne toujours avec lui la partie de l'épiderme qui l'avoisine immédiatement. Les faisceaux qui s'y rendaient sont rompus ; ils traversent toute la partie supérieure de la tige, et font saillie au dehors au fond des crevasses qui couvrent cet organe. Ainsi s'explique cette structure si singulière de la partie supérieure de la tige du *Welwitschia*, qui se compose d'une masse de parenchyme traversée par des faisceaux rectilignes indivis, qui font saillie au dehors dans une partie dépourvue d'épiderme.

II. — EPHEDRA Tournefort.

Syn. : CHÆTOCLADUS Nelson.

Distribution géographique. — Les *Ephedra* se rencontrent en Europe, en Arabie, en Asie Mineure, en Perse, dans toute la Chine, et dans l'Amérique du Sud. Dans l'Amérique du Nord il n'y en a qu'une seule espèce, *E. antisyphilitica* C. Meyer, qui habite le Mexique. Il n'y a pas d'*Ephedra* en Australie.

Les *Ephedra* ont une tige rampante composée d'entre-nœuds cylindriques cannelés. Les stomates forment des files linéaires au fond des sillons qui couvrent les tiges ; le nombre de ces files, variant d'un individu à l'autre pour une même espèce, ne peut être pris en considération pour la détermination des espèces. Chaque mérithalle porte à sa partie supérieure une gaîne écailleuse, brune, dure, formée de deux écailles soudées par leurs bords (1). Ces écailles ne sont que des feuilles atrophiées. La surface des tiges très-âgées est couverte d'une filasse brune semblable à celle des vieux *Sequoia*.

Structure de la tige (2) (fig. 16, pl. 12). — *Faisceaux*. — Dans la tige très-jeune, chaque faisceau primaire se compose

(1) Voyez la note sur *Ephedra triandra*, à la fin du genre *Ephedra*.

(2) HISTORIQUE.—Les gros tubes ponctués d'*Ephedra* ont été signalés pour la première fois par Kieser en 1815 (*a*). Ces éléments furent étudiés ensuite par Meyen en 1830 (*b*), puis en 1831 par H. von Mohl (*c*). M. H. R. Göppert, dans son *De structura anatomica*, donna en 1841 une description des fibres ligneuses et des rayons médullaires d'*Ephedra* ; il en figura aussi l'écorce, mais ces figures contiennent quelques inexactitudes. Incidemment, M. Carl Sanio, vers 1859 (*Bot. Zeit.*), a étudié la structure de l'écorce primaire d'*Ephedra*. Le parcours des faisceaux primaires de la tige d'*Ephedra* a été étudié par M. C. Nägeli en 1858 (*d*), et par M. Th. Geyler en 1867 (*e*).

(a) Kieser, *Grundzüge der Anatomie der Pflanzen*. Iena. 1815.
(b) F. J. F. Meyen, *Phytotomie*, 1830.
(c) H. v. Mohl, *Vermischte Schrift.*, 1845. Tübingen. in-4°.
(d) C. Nägeli, *Beit. z. wissenschaft. Botan.* 1858. Heft 1. pl. 2.
(e) Th. Geyler, *Ueber d. Gefässbundelverlauf (Pringsh. Jahrb.*, 1867, Bd. VI, Heft 1 et 2).

d'un certain nombre de trachées derrière lesquelles (1) on trouve des vaisseaux grêles couverts de ponctuations étroites, de parenchyme ligneux, de fibres ligneuses aréolées (fig. 3, pl. 3). A un âge plus avancé, on voit se produire entre les fibres ligneuses aréolées de gros vaisseaux couverts de ponctuations aréolées. Ces ponctuations forment de deux à cinq files verticales sur chaque vaisseau. Si l'on poursuit un de ces éléments, on le trouve coupé de distance en distance par des cloisons transversales obliques qui sont couvertes de ponctuations simples très-grosses et très-souvent perforées. Kieser (2) et Meyen (3) avaient déjà signalé les gros vaisseaux ponctués qui différencient le bois des *Ephedra* du bois des autres Conifères, lorsque H. von Mohl (4) les décrivit complétement en 1831. Certaines fibres ligneuses, en se développant, augmentent beaucoup de volume, elles s'élargissent, s'hypertrophient pour ainsi dire ; les cloisons transversales qui séparent les cellules d'une même file verticale se perforent et le vaisseau est formé.

La présence de ces gros vaisseaux aréolés dans le bois des *Ephedra* et des *Gnetum* distingue immédiatement les Gnétacées des Conifères (fig. 7, pl. 3).

Le liber primaire d'un faisceau primaire se compose exclusivement de fibres libériennes à parois très-épaisses (fig. 3, pl. 3). Le liber secondaire est compris entre les fibres ligneuses et le liber primaire. Dans les tiges qui ne sont pas très-âgées (trois à quatre ans environ), le cambium engendre, comme éléments libériens, des fibres libériennes, des cellules lisses terminées en pointe aux deux extrémités, et du parenchyme libérien; les cellules lisses sont donc les représentants morphologiques des cellules grillagées du liber mou des autres plantes dicotylédones.

---

(1) Toutes les descriptions de faisceaux seront faites en les supposant orientés par rapport au centre de la tige et en direction radiale pour les faisceaux de la tige ; et en allant des trachées au liber pour les faisceaux des organes appendiculaires.

(2) Kieser, *Grundzüge der Anatomie der Pflanzen*. Iéna, 1815.

(3) F. J. F. Meyen, *Phytotomie*, 1830.

(4) H. v. Mohl, *Vermischte Schrift.*, 1845. Tubingen, in-4°.

Dans une très-vieille tige nous trouvons comme éléments anatomiques du liber : les fibres libériennes épaissies (1) et le parenchyme libérien ; plus, des cellules dont les faces latérales et transversales portent des ponctuations grillagées (fig. 9, 10, pl. 3). Nous voyons bientôt une première cause mécanique qui doit amener de profondes modifications dans la structure du liber dans la suite du développement. Les cellules du parenchyme libérien, en se développant, augmentent beaucoup de volume ; elles se boursouflent, s'arrondissent, compriment les éléments voisins, si bien qu'il n'en reste bientôt plus de trace. Aussi voyons-nous le vieux liber secondaire formé de parenchyme libérien et de fibres libériennes, mortes ou inactives depuis très-longtemps, et disséminées par groupes de deux ou trois entre les cellules parenchymateuses (fig. 6, pl. 3).

Tissu fondamental et système tégumentaire. — La moelle est formée de cellules arrondies ou polyédriques, au centre ; presque cylindriques dans le voisinage des faisceaux, sans ponctuations dans le jeune âge, à ponctuations simples quand la plante est âgée. La moelle ne subit aucune transformation qui soit digne d'être notée ; les cellules voisines des faisceaux sont petites, quelquefois longues, pointues aux deux extrémités ; quelques-uns de ces éléments épaississent notablement leurs parois et se transforment en fibres pseudo-libériennes. Ces cellules de la moelle voisines des faisceaux conservent leur vitalité pendant très-longtemps.

Les rayons (fig. 7, pl. 3) secondaires (2) sont, en général, formés de deux rangs de cellules courtes aplaties, à parois épaisses couvertes de ponctuations simples. Les parois tangentielles de ces cellules sont inclinées à 45 degrés environ sur la direction du rayon considéré. Entre les masses libériennes secondaires de deux faisceaux voisins, les cellules des rayons

---

(1) Souvent leurs parois contiennent des cristaux d'oxalate de chaux.

(2) Les rayons médullaires secondaires présentent un point d'accroissement intercalaire dans la zone cambiale, par conséquent on peut les considérer comme faisant partie du faisceau. On peut aussi les considérer comme appartenant au tissu fondamental secondaire ; et alors on peut les étudier avec le tissu fondamental.

ont des parois minces qui se couvrent bientôt de ponctuations
réticulées en tout semblables à celles que l'on voit sur les cellules du parenchyme libérien. Ces cellules grossissent, se boursouflent, et bientôt il est impossible de dire ce qui était d'abord
parenchyme libérien.

Dans le jeune âge, le système tégumentaire est formé par
une couche d'épiderme, qui ne tarde pas à se couvrir de stomates ; chaque stomate (fig. 2 *a*, fig. 4, pl. 3) se compose de
deux cellules réniformes enchâssées à la face inférieure de quatre
cellules épidermiques, qui lui forment une antichambre très-
profonde.

Pendant que les stomates apparaissent, la masse du tissu fondamental comprise entre les faisceaux et l'épiderme, et qui est
composée de cellules arrondies gorgées de chlorophylle, se différencie ; certains groupes de cellules qui sont au contact de l'épiderme s'allongent en forme de fibres, puis épaississent consi-
dérablement leurs parois et forment ainsi des faisceaux de fibres
hypodermiques. Les couches cuticulaires de l'épiderme et les
membranes primaires des fibres hypodermiques sont criblées
de très-petits cristaux d'oxalate de chaux (1).

Les phénomènes qui produisent la formation des faisceaux
d'hypoderme déterminent de la même manière, au milieu du
parenchyme herbacé, des faisceaux de fibres pseudo-libériennes.

Décortication. — Un anneau complet de phellogène apparaît
dans le parenchyme herbacé et engendre, en se divisant tangentiellement d'un seul côté (vers l'extérieur) (2), des cellules cubiques courtes, rectangulaires, lisses, à parois minces à peine ondu-
ées, qui ne vivent que très-peu de temps. Plus tard des arcs de

(1) Ces cristaux sont solubles dans l'acide chlorhydrique, insolubles dans la potasse
et l'acide acétique ; ils ont la forme d'enveloppe de lettre. Voyez à ce sujet M. Solms
Laubach (*a*) et M. J. Vesque (*b*).

(2) *Division unilatérale externe.*

(*a*) Solms Laubach, *loc. cit.*
(*b*) J. Vesque, *Annales sciences naturelles*, 5e série, t. XIX. p. 300, et *Recherches sur l'influence des
milieux, sur les formes cristallines de l'oxalate de chaux* (travail inédit).

phellogène apparaissent au milieu du liber mou ; ils produisent de petites lames de liége (fig. 5, pl. 3) et forment de minces écailles de rhytidome. Jamais, chez les *Ephedra*, il n'y a production de suber herbacé.

Les écailles de rhytidome ainsi séparées des parties vivantes se détruisent rapidement ; les seuls éléments qui résistent pendant un temps notable à l'influence des agents atmosphériques sont les fibres libériennes, qui forment ainsi un revêtement filamenteux à la tige âgée.

Structure de l'écaille (fig. 11, 12, pl. 3). — Chez les *Ephedra*, les écailles se composent d'une couche d'épiderme dont la cuticule et les couches cuticulaires sont remplies de cristaux d'oxalate de chaux. Sous cet épiderme, il y a de nombreuses fibres hypodermiques qui enveloppent une masse de parenchyme. Dans ce parenchyme courent *deux* faisceaux *fibrovasculaires* parallèles, réduits à quelques trachées et à quelques gros vaisseaux ponctués.

Les expansions membraneuses qui bordent les écailles sont formées d'une double couche de cellules épidermiques ; par suite des progrès du développement, les cellules de la couche externe compriment les cellules de la couche interne, la cavité de ces dernières peut même disparaître entièrement.

Parcours des faisceaux. — C'est à M. le professeur Nägeli qu'on doit la première description du trajet des faisceaux fibrovasculaires d'*Ephedra* (1). Le docteur Th. Geyler revint sur ce sujet en 1867 (2).

Dans chaque entre-nœud il y a quatre paires de faisceaux primaires (3) : deux paires latérales, une à droite, l'autre à gauche, une paire antérieure et une paire postérieure. Si les

(1) Nägeli, *Beiträge z. wissensch. Botanik*, Heft 1, Leipzig, 1858, pl. 2, fig. 12, p. 58-62. Avant M. Nägeli, A. Henry avait donné la Phyllotaxie des *Ephedra* (*Beiträge z. kenntn. d. Laubknospen*, 1847).

(2) Th. Geyler, *Ueber Gefässbünd.* '*Jahrb.*, 1867, Heft 1, Bd. VII).

(3) Je supposerai l'axe de la tige vertical et le plan du tableau passant par cet axe, entre les faisceaux de chaque paire latérale.

faisceaux des paires latérales entrent dans les feuilles au premier entre-nœud que l'on trouve en montant, les faisceaux des paires antérieure et postérieure sortiront au nœud suivant ; tandis que par leur autre extrémité ils vont se confondre avec les faisceaux des paires latérales dans l'entre-nœud au-dessous de celui que nous considérons. Chacun des faisceaux antérieurs et postérieurs se confond avec celui des faisceaux latéraux qui en est le plus proche : ainsi, l'antérieur droit se confond avec le latéral droit antérieur. Au niveau du nœud, il y a un léger épatementd es faisceaux.

L'étude de la structure des tiges et des écailles ne m'a fourni que des données tout à fait insuffisantes et très-incertaines pour la distinction des espèces ; je ne puis également établir de rapport entre la distribution géographique des *Ephedra* et leurs affinités spécifiques.

Note sur l'Ephedra triandra. — A chacun des entre-nœuds de la tige d'*Ephedra triandra* on trouve quatre écailles soudées par leurs bords ; mais la structure de ces écailles est la même que celle de ces organes chez les autres *Ephedra*. La tige contient huit paires de faisceaux au lieu de quatre.

III. — GNETUM Linn. (1).

Syn. : Thoa Aubl., Abutua Lour., Gnemon Rhumph., Ula Rheede.

Distribution géographique. — Les *Gnetum* habitent les régions tropicales de l'Amérique, de l'Asie et de l'Océanie.

Leur tige est sarmenteuse. Dans le jeune âge, la surface de cet organe est couverte de fines cannelures ; plus tard l'écorce se couvre de petites crevasses horizontales et de petites saillies lisses. La coupe transversale d'une tige âgée montre un nombre

---

(1) Les échantillons secs que j'avais à ma disposition pour faire l'anatomie des *Gnetum* ne m'ont pas permis de déterminer :

  « 1° La formation des faisceaux secondaires ;

  » 2° La formation du périderme ;

  » 3° Les différences anatomiques que peuvent présenter les feuilles des différentes espèces. »

considérable de faisceaux secondaires bien séparés (fig. 15, pl. 12), qui entourent un système central de faisceaux primaires. La plupart des botanistes citent la tige des *Gnetum* comme un exemple de structure anormale de cet organe chez les Gymnospermes. On admet, en effet, que la première année il se forme un anneau de bois et tout autour une couche de liber ; l'année suivante, une nouvelle couche de bois entoure la couche libérienne de l'année précédente, qui est elle-même entourée par une couche libérienne de nouvelle formation. Ce phénomène se reproduisant chaque année, on trouve, en allant du centre à la circonférence, du bois, du liber, du bois, du liber, etc.

Les feuilles sont opposées, pédonculées, penninerviées, grandes, ovales, terminées à leur partie supérieure par une sorte de bec étroit recourbé. Le bourgeon est entouré par de petites écailles qui ne sont que des feuilles modifiées.

Structure de la tige. — Faisceaux. — Les faisceaux primaires se composent (fig. 4, pl. 2) de trachées dont la spirale est très-grosse, de vaisseaux marqués de ponctuations étroites, de fibres ligneuses et de gros vaisseaux aréolés. Le liber primaire est formé de petites cellules cubiques (fig. 9, pl. 2) fortement épaissies. Le liber secondaire jeune se compose de fibres libériennes, de parenchyme libérien et de cellules lisses ; lorsque ce tissu est plus âgé, ou lorsque la plante a déjà ses faisceaux secondaires, on trouve avec les fibres libériennes et avec le parenchyme libérien des cellules grillagées. De même que chez les *Ephedra*, les cloisons transversales des cellules parenchymateuses portent des ponctuations simples ou réticulées, mais qui sont toujours très-faibles. Tous les faisceaux primaires sont ouverts et peuvent s'accroître en épaisseur pendant plusieurs années.

Les faisceaux secondaires apparaissent en dehors du cercle des faisceaux primaires ; ils forment autour du système central des lignes concentriques assez irrégulières ; ces faisceaux secondaires s'anastomosent, non-seulement ceux d'une ligne entre eux, mais encore ceux de plusieurs lignes concentriques ensemble. Vu l'insuffisance de mes échantillons, je n'ai pu étudier les rapports de ces faisceaux entre eux et avec les faisceaux primaires.

Les faisceaux secondaires (fig. 12, pl. 2) se composent de fibres ligneuses aréolées et de gros vaisseaux ponctués, semblables à ceux que nous avons vus dans les faisceaux primaires (1) d'une zone cambiale qui vit pendant plusieurs années. Cette zone cambiale a donné des fibres libériennes, des cellules grillagées et du parenchyme libérien. Les fibres libériennes sont beaucoup plus nombreuses que les autres éléments libériens.

Tissu fondamental et système tégumentaire. — La moelle est semblable à celle que nous avons vue chez *Ephedra*. Les cellules des rayons, en se développant, prennent les caractères des autres cellules du tissu fondamental, de sorte que chaque faisceau paraît plongé dans ce tissu.

Le tissu fondamental externe est formé de cellules courtes, arrondies, dont un grand nombre se sclérifient de bonne heure. Très-souvent il existe comme une ceinture de ces éléments autour de la tige entre les faisceaux et le liége (2).

Le système tégumentaire d'une jeune tige est privé de stomates, et se compose d'une couche épidermique dont les cellules cubiques courtes sont revêtues d'une cuticule excessivement épaisse.

A un âge avancé, il se forme des arcs de phellogène dont les cellules se divisent tangentiellement en avant et en arrière, et forment ainsi du suber herbacé et du liége (fig. 10, pl. 2) ; ce liége est formé de cellules extrêmement étroites à parois très-minces. Quelques cellules du suber herbacé se sclérifient. Les arcs de phellogène ne coupent jamais le liber des faisceaux primaires ou secondaires ; ils n'enlèvent jamais que de petites écailles du tissu fondamental (3).

---

(1) Souvent les cellules ligneuses voisines de ces gros vaisseaux sécrètent de la résine, qui filtre ou même qui coule par les perforations des ponctuations dans les gros vaisseaux.

(2) Il n'y a pas de fibres hypodermiques dans la tige des *Gnetum*.

(3) N'ayant pas eu à ma disposition d'échantillon donnant l'état intermédiaire entre

Structure de la feuille. — La feuille s'attache sur la tige par un pétiole très-court, il n'y a pas de coussinet ; six faisceaux primaires passent de la tige dans la feuille, et forment la nervure médiane, qui va du pétiole au sommet de la feuille. Les nervures secondaires ou latérales se dirigent de la nervure médiane au bord de la feuille, et, chemin faisant, fournissent à droite et à gauche des nervures tertiaires qui s'anastomosent à l'infini.

Chaque faisceau (fig. 1, pl. 3) se compose de trachées, de vaisseaux étroits, de fibres ligneuses aréolées et de quelques gros vaisseaux ponctués ; plus, quelques cellules cambiales lisses. Chaque faisceau est entouré d'une gaîne protectrice assez mal définie.

L'épiderme est composé de cellules cubiques dont les épaississements de la face supérieure sont canaliculés, ce qui donne à ce tissu un aspect particulier (fig. 6, pl. 2). La face inférieure de la feuille est couverte de stomates disséminés sans aucun ordre (fig. 7, pl. 2). Chaque stomate se compose de deux grosses cellules réniformes (fig. 11, pl. 2) enchâssées entre quatre cellules épidermiques qui lui forment une antichambre peu profonde. Sous l'épiderme supérieur on trouve du parenchyme en palissade, et, entre celui-ci et l'épiderme inférieur, du parenchyme rameux. Suivant les espèces, et ce caractère pourra certainement servir à les différencier, on rencontre des fibres hypodermiques et pseudo-libériennes, plus quelques cellules scléreuses. N'ayant pu me procurer que quelques espèces, je signale cette lacune facile à combler (1).

Parcours des faisceaux. — Il n'a encore été fait jusqu'ici aucun travail sur le parcours des faisceaux des *Gnetum* (2) ; mes échantillons ne m'ont pas permis d'entreprendre de combler cette lacune.

le système tégumentaire jeune et la formation d'arcs partiels de phellogène produisant une seconde écorce primaire, j'ai dû passer sur cet état de transition sans m'y arrêter.

(1) M. Parlatore (DC., *Prodr.*) n'a pas cité le *Gnetum apiculatum*, bien que complétement décrit dans les *Posthumous Papers* de W. Griffith (Calcutta, 1854).

(2) De même que les *Ephedra*, les *Gnetum* n'ont pas de glande résinifère.

CONIFÈRES.

Les Conifères contiennent actuellement 37 genres, sur lesquels trois ou quatre m'ont fait défaut (1).

I. — A. 1. *Salisburia.*
  B. 2. *Phyllocladus.*
  C. 3. *Taxus.* — 4. *Torreya.* — 5. *Cephalotaxus.*
  D. 6. *Podocarpus (Eupodocarpus, Prumnopitys, Poly-podiopsis, Nageia, Dacrydium).*
  E. 6 *bis. Saxe-Gothea.*

II. — A. 7. *Picea (Picea, Pseudotsuga, Tsuga).* — 8. *Larix.* — 9. *Cedrus.* — 10. *Abies.*
   11. *Pinus (Cembra, Strobus, Pseudostrobus, Tœda, Pinea, Pinaster, Monophylla).*

III. — 12. *Sciadopitys.*

IV. — A. 13. *Cunninghamia.* — 14. *Sequoia.* — 15. *Arthrotaxis.*
  B. 16. *Araucaria (Colymbea, Eutacta, Altingia).*
  C. 17. *Dammara.*

V. — A. 18. *Cryptomeria.* — 18 *bis. Glyptostrobus.*
  B. 19. *Taxodium.*
  C. 20. *Fitz-Roya.*
  D. 21. *Cupressus.* — 22. *Chamæcyparis.* — 23. *Biota.* — 24. *Thuia.* — 25. *Thuiopsis.* — 26. *Libocedrus.* — 27. *Callitris.* — 28. *Actinostrobus.* — 29. *Widdringtonia.* — 30. *Frenela.* — 31. *Juniperus.*

I. — A. 1. SALISBURIA Smith.

Syn. : Gink-go, Pterophyllus Nelson.

Distribution géographique (2). — Le genre *Salisburia* ne

____

(1) Je n'ai eu à ma disposition ni *Microcachrys*, ni *Pherosphera*, ni *Octoclinis*, ni *Lœchhardtia*.

(2) Dr C. Beinling, *Ueb. d. geogr. Verbreitung der Conif.* Bresl., 1858, petit in-4°.

contient qu'une seule espèce, le *Salisburia adiantifolia* Smith (1), cultivée au Japon et en Chine, mais sur l'origine de laquelle on n'est point d'accord.

Facies. — Le *Salisburia adiantifolia* a un port tout particulier, très-caractéristique. Ses feuilles sont annuelles, aplaties, d'un vert tendre ; elles ont leur limbe traversé par des nervures dichotomes ; elles sont munies de longs pétioles qui viennent s'insérer au nombre de trois ou cinq sur de très-courts rameaux portés eux-mêmes par de longs rameaux d'un ordre plus élevé. La pousse terminale de ces derniers s'allonge beaucoup ; ses feuilles largement espacées sont insérées sur une spirale dont le cycle est 5/13. Dans l'aisselle de chacune de ces feuilles naît un bourgeon qui restera très-court ; il arrive parfois que quelques-unes de ces courtes pousses s'allongent pendant la troisième année et se transforment en longues pousses ou en pousses terminales. Il n'y a aucune espèce de régularité dans la succession des pousses courtes et des pousses longues. En général, une pousse terminale longue porte des pousses courtes dans l'aisselle de ses feuilles, et une pousse courte se transforme en pousse longue après un temps plus ou moins long.

L'écorce de *Salisburia,* lisse, glabre, rouge-brique dans le jeune âge, devient grise et se crevasse en vieillissant ; elle est ordinairement très-épaisse, et a souvent près de 4 centimètres d'épaisseur sur un tronc de 30 centimètres de diamètre.

Historique. — Plusieurs auteurs se sont déjà occupés de la structure anatomique du *Salisburia adiantifolia.* En 1841, M. H. R. Göppert (2) nous en a fait connaître la structure des fibres ligneuses et des rayons médullaires : il montra que les fibres ligneuses du *Salisburia* diffèrent de celles du *Taxus*

____

(1) *Ginkgo biloba* Thunb., *Pterophyllus salisburiensis* Nelson.

(2) H. R. Göppert, *De structura anatomica Coniferarum.* Vratislaviæ, 1841, in-4° cum 2 tab.

par ce fait qu'elles ne portent point d'épaississements spiralés.

En 1862, M. Dippel (1) fait connaître la présence de tubes
allongés à ponctuations elliptiques simples, très-étroites, entre
les trachées et les fibres ligneuses aréolées.

M. Nägeli en 1858 a publié dans ses *Beiträge z. wissensch.
Botanik* (pl. 1, fig. 6-7, Heft 1) le parcours des faisceaux primaires dans la tige du *Salisburia* (2); il montra que, contrairement à l'opinion généralement admise, à savoir que, dans les
pétioles, on trouve deux faisceaux primaires de la tige; il fit voir,
dis-je, que les deux faisceaux que l'on trouve dans chaque pétiole
ne sont que les parties d'un faisceau primaire unique qui se divise en deux branches bien avant d'entrer dans le pétiole. C'est
donc à tort que l'on attribue la découverte du parcours des
faisceaux fibro-vasculaires du *Salisburia* à M. Th. Geyler, qui,
en 1867 (5), s'est contenté de reproduire les résultats obtenus
par M. Nägeli.

M. E. Stahl, en 1873 (4), a dit quelques mots sur la formation
du périderme.

M. Ph. Van Tieghem, en 1873 (5), en a décrit les glandes
résinifères.

Structure de la tige (pl. 12, fig. 17). — *Faisceaux.* —
Chaque faisceau primaire se compose (pl. 3, fig. 4) de trachées,
de vaisseaux grêles, rayés ou couverts de ponctuations simples,
elliptiques, très-étroites; de fibres ligneuses aréolées sans épais-

(1) Dippel, *Histologie der Coniferen* (*Bot. Zeit.*, 1862, n° 22, p. 169). *Bau der
Markscheide.* — J. Rossmann (*Bau der Holzes*, Frankfurt, 1865) a reproduit simplement les observations de Dippel.

(2) *Das Wachstum des Stamm*, 1858. Erstes Heft de *Beitr. zur wissenschaft.
Botanik.* Leipzig, 1858, in-8°.

(3) Th. Geyler, *Ueber die Gefässbündelverlauf* (*Pringsh. Jahrb.*, Bd. VI,
pl. 4-9).

(4) E. Stahl, *Entwickel. und Anatomie d. Lenticellen* (*Bot. Zeit.*, 1873, n° 38).

(5) Ph. Van Tieghem, *Mémoire sur les canaux sécréteurs des plantes* (*Ann. sc. nat.*,
5° série, t. XVI).

sissement spiralé. Là, comme chez toutes les autres Conifères, il n'y a pas de gros vaisseaux ponctués dans l'intérieur de la partie ligneuse du faisceau. Chez le *Salisburia*, comme aussi chez les *Phyllocladus*, *Taxus*, *Torreya* et *Cephalotaxus*, il n'y a pas de glande résinifère dans le bois, soit primaire, soit secondaire. Derrière cette partie ligneuse du faisceau, on trouve une zone de cambium secondaire, puis du liber secondaire, et, si la plante est jeune encore, un petit arc de liber primaire formé de longues cellules lisses à parois peu épaisses; quelques-unes de ces cellules peuvent même se cloisonner horizontalement.

Arrêtons-nous quelques instants sur la structure du liber secondaire du *Salisburia*, qui, ainsi qu'on en peut juger par l'historique ci-dessus, n'a jamais été étudié. Lorsque ce liber secondaire est encore très-jeune, il se compose de cellules lisses, dont quelques-unes ont des parois un peu plus épaisses que les cellules voisines, et représentent les fibres libériennes, plus quelques cellules parenchymateuses dont les parois transversales ne portent encore que de faibles ponctuations simples. Si nous examinons ce tissu à une époque un peu plus avancée (fig. 6 et 7, pl. 4), nous reconnaissons que les fibres libériennes ont épaissi quelque peu leurs parois; en outre, plusieurs d'entre elles se sont cloisonnées horizontalement. Les cellules du parenchyme libérien s'accroissent régulièrement pendant quelques temps, les ponctuations simples des cloisons transversales de ces cellules se couvrent de réticulations extrêmement compliquées et très-étendues. Bientôt les cellules parenchymateuses se déforment; elles compriment, en se boursouflant, les autres éléments du liber, de sorte que très-fréquemment il ne reste plus trace des cellules grillagées dont je vais parler un peu plus loin. Très-fréquemment quelques cellules du parenchyme libérien arrivées à cet état de développement se sclérifient, mais bien plus fréquemment encore il apparaît dans les cellules de ce tissu des cristaux d'oxalate de chaux; ces cristaux sont réunis en masses à peu près sphériques hérissées de pointes.

Si nous suivons les cellules cambiales lisses, non épaissies et non cloisonnées, dont nous avons parlé en décrivant la structure du liber secondaire jeune, nous voyons que ces éléments sont terminés par des cloisons transversales très-obliques et très-éloignées les unes des autres. Bientôt on voit apparaître à la surface de ces fibres lisses, aussi bien sur les faces latérales que sur les faces transversales, de nombreuses ponctuations dont l'ensemble forme une sorte de réseau. Dans chacune des ponctuations nous voyons se former des réseaux très-délicats et très-compliqués (fig. 8, pl. 4) (1).

Les cellules grillagées du *Salisburia* sont excessivement volumineuses, comparées aux cellules grillagées des autres Conifères ; mais lorsque la plante est jeune, ces cellules sont encore assez étroites, et leurs ponctuations grillagées sont réduites à des ponctuations simples, petites, très-rapprochées. A cet état, d'ailleurs, la ressemblance entre les ponctuations grillagées du *Salisburia* et les ponctuations grillagées adultes des autres Conifères est complète.

De même que chez les *Phyllocladus, Taxus, Torreya* et *Cephalotaxus*, il n'y a à aucune époque de glande résinifère dans le liber du *Salisburia* (2).

Tissu fondamental et système tégumentaire. — La moelle (fig. 2, pl. 4) est composée de cellules arrondies à ponctuations simples dans le jeune âge, réticulées à un âge plus avancé. Les cellules de la moelle qui sont en contact avec les faisceaux sont étroites, longues, lisses, et ont quelque ressemblance avec un tissu cambiforme. Lorsque la moelle est âgée, on rencontre quelques cellules sclérifiées, et beaucoup plus fréquemment, dans certaines cellules, des amas arrondis de cristaux d'oxalate de chaux.

(1) On trouve quelques petits cristaux d'oxalate de chaux en enveloppe de lettre dans les parois de certaines cellules du liber de la plante.

(2) M. Van Tieghem a décrit les glandes résinifères du *Salisburia* comme formant un double système de canaux, les uns corticaux, les autres médullaires ; ces glandes sont de courtes lacunes closes de tous côtés et qui ne sortent pas de la tige ; elles sont en outre absolument indépendantes les unes des autres, et n'ont rien de commun avec les réservoirs glanduleux que nous allons voir dans les feuilles.

Dans la moelle du *Salisburia* on rencontre fréquemment des glandes résinifères, closes, très-courtes, qui ne sortent jamais de la moelle.

Les rayons médullaires sont formés de cellules tabulaires à parois assez épaisses, couvertes de ponctuations simples dans la région ligneuse du faisceau. Dans la région libérienne, au contraire, les cellules des rayons ont leurs parois minces, lisses dans le jeune âge, à ponctuations simples très-fines à une époque plus avancée, et plus tard à ponctuations réticulées. De même que chez les *Ephedra*, ces cellules à ponctuations réticulées des rayons médullaires se boursouflent et ressemblent aux cellules du parenchyme libérien, lorsque celles-ci sont complétement développées (fig. 6, pl. 4).

L'écorce primaire se compose, lorsque la plante est encore jeune, de cellules arrondies, gorgées de chlorophylle, et déjà nous trouvons dans ce tissu l'indication de glandes résinifères ; ces glandes sont toujours closes, non ramifiées, courtes, et ne pénètrent jamais dans les feuilles. Bientôt les cellules de ce parenchyme herbacé voisines de l'épiderme épaississent légèrement leurs parois, et prennent l'aspect d'un hypoderme à parois minces ou très-peu épaissies ; de plus, ces cellules du tissu fondamental ainsi modifiées ne s'allongent pas en fibres (fig. 1, *h*, pl. 4).

Le système tégumentaire est représenté par une couche épidermique sans poil ni stomate ; les cellules épidermiques sont lisses, leurs couches cuticulaires sont assez épaisses.

Décortication. — De très-bonne heure nous voyons se former immédiatement sous l'hypoderme une lame de phellogène (*p*, fig. 1, pl. 4), qui engendre tout autour de l'axe une mince lame de liége (*p*, fig. 1, pl. 4). En même temps que s'accomplissent ces premiers phénomènes de décortication, ou si l'on veut ce renforcement de l'appareil tégumentaire, plusieurs cellules du parenchyme herbacé se sclérifient, d'autres s'emplissent de cristaux arrondis d'oxalate de chaux (1).

(1) Ce fait a été signalé déjà par J. Bohm, *Sind die Bastfasern Zellen oder Zellfusionen?* (*Sitzungsb. d. k. Akad. d. Wissenschaft.*, Bd. III).

A ce premier état qui persiste souvent jusque vers la fin de la troisième année, on voit succéder la série des phénomènes que nous avons étudiés chez les *Ephedra* à propos de la formation de l'écorce crevassée de cette plante. En effet, des arcs de phellogène apparaissent (fig. 5, pl. 4) dans le milieu du liber secondaire, engendrent du liége par division tangentielle unilatérale externe et déterminent aussi des lentilles de rhytidome, qui restent en place.

Structure de la feuille (1). — Contrairement à l'immense majorité des Conifères, la feuille du *Salisburia* est munie d'un long pétiole.

Ce pétiole est une sorte de demi-cylindre convexe en dessous, concave en dessus; à sa base il contient deux faisceaux parallèles qui ne sont que les deux branches d'un faisceau primaire unique qui s'est divisé bien avant d'entrer dans la feuille. Ces faisceaux sont formés de trachées de vaisseaux étroits, d'un peu de parenchyme ligneux et de fibres ligneuses, plus une zone cambiale dont l'activité s'éteint de très-bonne heure, un peu de liber secondaire et un peu de liber primaire. Autour de ces faisceaux il y a une gaîne unique (commune à tous les faisceaux à la fois) de cellules réticulées (*m*, fig. 13, pl. 4). Après avoir marché parallèlement l'un à l'autre pendant un certain temps, les deux faisceaux se divisent chacun en deux branches; chaque branche à son tour se divise bientôt en deux autres, puis le système vasculaire pénètre dans le limbe. Autour des faisceaux du pétiole nous trouvons un parenchyme à cellules arrondies; celles de ces cellules qui touchent l'épiderme sont transformées en fibres hypodermiques, et forment de petits

---

(1) Le docteur Friedrich Thomas, dans son travail intitulé : *Zur vergl. Anat. d. Coniferen Laublätter* (*Pringsh. Jahrb.*, Bd. IV, Heft 1), ne donne sur *Salisburia* que la division dichotomique des nervures et la position des glandes résinifères dans le limbe; pour les stomates, il renvoie au travail de F. Hildebrand, *Bau der Spaltöffnungen der Coniferen* (*Bot. Zeit.*, 1860. n° 17).

faisceaux de six ou sept fibres ; l'épiderme est composé de cellules rectangulaires lisses, et ne porte pas de stomate (1).

Nous trouvons quelques glandes résinifères dans le parenchyme du pétiole, mais le nombre de ces glandes varie beaucoup d'une place à l'autre pour un pétiole donné. En général, il y en a deux sur les bords, une au milieu et au-dessous des faisceaux ; il peut y en avoir encore une au-dessus et une au-dessous de chaque faisceau ; ces dernières sont en général beaucoup moins volumineuses que les premières. Toutes ces glandes sont très-petites, closes, et ne pénètrent ni dans la tige, ni dans le limbe.

Le limbe se compose d'un certain nombre de faisceaux qui se divisent dichotomiquement (2) et dont la structure ne diffère de celle des faisceaux du pétiole que parce que chacun des éléments anatomiques de ces derniers y est en moindre quantité. De même que les faisceaux du pétiole, les faisceaux du limbe ont une gaîne protectrice de courtes cellules cubiques réticulées. Entre les faisceaux il y a un parenchyme dont les cellules rameuses à parois lisses très-minces sont gorgées de chlorophylle ; il n'y a pas de parenchyme en palissade. De distance en distance on trouve, dans le parenchyme rameux, des glandes résinifères courtes, closes (fig. 12, pl. 4).

La face supérieure de la feuille est recouverte d'une couche de cellules épidermiques tabulaires dont les parois verticales sont légèrement ondulées ; elle est dépourvue de stomates, tandis que la face inférieure, au contraire, en est parsemée (fig. 9, 10, pl. 4). Ces stomates sont composés de deux cellules réniformes encastrées dans la face inférieure, de quatre cellules épidermiques qui laissent entre elles une antichambre peu profonde, *sont disséminés sans ordre* sur la face inférieure de la feuille (3).

(1) Le pétiole est supposé orienté comme le limbe, c'est-à-dire que les trachées des faisceaux sont à leur partie supérieure.

(2) J. Sachs, *Lehrbuch der Botanik*. Leipzig, 1873, in-8, p. 455.

(3) F. Hildebrand, *loc. cit.* — Ed. Strasburger, *Sur le développement des stomates* (*Pringsh. Jahrb.*, Bd. VI, Heft 3).

Structure de l'écaille (fig. 15, pl. 4). — L'écaille est une feuille modifiée qui se compose d'une couche de cellules épidermiques semblables à celles de la face supérieure des feuilles. Les couches cuticulaires de ces cellules sont beaucoup plus développées à la face externe qu'à la face interne ; sous cette couche épidermique nous trouvons de nombreuses glandes closes, mais pas de faisceau.

Vers la fin de l'année pour les feuilles, au printemps pour les écailles, il se produit à la base de ces organes une lame transversale de phellogène qui engendre une petite couche de liége de trois ou quatre rangs de cellules. La feuille ou l'écaille séparée de la tige se dessèche, meurt et ne tarde pas à tomber.

Parcours des faisceaux (fig. 4, pl. 4) (1). — La spirale foliaire a, comme je l'ai déjà dit plus haut, comme cycle d'insertion : soit 3/8, soit 5/13. Cela posé, désignons par 1, 2, 3... n, les n faisceaux primaires qui se rendent aux n premières feuilles, situées au-dessus d'une feuille donnée. Fendons le cylindre ligneux suivant une génératrice, et développons sa surface sur un plan tangent diamétralement opposé à la génératrice considérée : nous aurons une figure telle que le schéma représenté (fig. 4, pl. 4). Si p désigne un faisceau quelconque, p naît à droite du faisceau $p-5$, au point où $p-5$ s'accole par sa gauche au faisceau $p-2$. p quitte $p-5$, s'avance vers la droite, et s'accole par sa gauche au faisceau $p-3$; en ce point $p-3$ donne naissance par sa droite au faisceau $p+2$. p s'éloigne de $p-3$, revient vers la gauche, et donne naissance par sa droite au faisceau $p+5$, tandis que par sa gauche il s'accole au faisceau $p+3$. Lorsque $p+5$ et $p+3$ ont quitté le faisceau p, celui-ci monte verticalement quelque peu encore, puis il se divise en deux branches qui resteront parallèles et passeront dans le pétiole, et, après s'y être divisées dichotomiquement un certain nombre de fois, elles entrent dans le limbe.

---

(1) Voyez à ce sujet : C. Nägeli, *loc. cit.*, et Th. Geyler, *loc. cit.*

I. — B. 2. PHYLLOCLADUS L. C. Richard.

Syn. : Thalamia Sprengel, Brownetera Rich.

Distribution géographique (1). — Les *Phyllocladus* habitent Bornéo (*P. hypophylla*), la Tasmanie (*P. rhomboidalis*) et la Nouvelle-Zélande (*P. trichomanoides*). Ce sont des arbres dont la tige n'atteint jamais une très-grande hauteur, et dont les jeunes rameaux latéraux sont transformés en *cladodes* (2), dont la forme varie d'une espèce à l'autre ; ils sont plus ou moins larges, plus ou moins échancrés, glauques en dessous, lisses et comme vernissés en dessus. Les dents des lobes d'un cladode sont toutes dirigées vers le sommet du lobe auquel elles appartiennent. Les feuilles sont squamiformes, triangulaires, sessiles et généralement sèches ; elles sont insérées sur la tige ou sur les dents d'un lobe d'un cladode, et alors regardent le sommet du lobe. C'est à l'aisselle de ces petites feuilles écailleuses qu'apparaissent les nouveaux bourgeons, qui se transforment bientôt en cladodes.

Dans le jeune âge, l'écorce du *Phyllocladus* est verte, puis brune, lisse, sans poil, et couverte de stomates. Faute de matériaux, je n'ai pu étudier de très-vieille écorce.

Structure de la tige jeune. — Faisceaux. — La structure de la partie ligneuse des jeunes faisceaux primaires de *Phyllocladus* est la même que celle que j'ai décrite chez le *Salisburia*. Quant à la région libérienne, elle ne diffère de celle de Ginkgo que par la présence de fibres libériennes dont les parois sont fortement épaissies de bonne heure, et par l'absence de cristaux arrondis d'oxalate de chaux dans les cellules du parenchyme libérien. Les éléments du faisceau sont en général beaucoup plus petits chez le *Phyllocladus* que chez le *Salisburia*.

(1) C. Beinling, *loc. cit.*

(2) M. E. Carrière (*Traité général des Conifères*, 2e édition, Paris. 1867) donne improprement le nom de *phyllode* à ces organes.

De même que chez le *Salisburia*, les trois éléments du liber secondaire : fibres libériennes, cellules lisses ou grillagées, cellules du parenchyme libérien, forment des séries régulières radiales et concentriques.

Tissu fondamental et système tégumentaire. — La moelle est formée de grosses cellules arrondies, à parois minces et couvertes de ponctuations simples. Les rayons médullaires ne présentent rien d'intéressant. L'écorce primaire est formée par un parenchyme herbacé dont les cellules d'abord toutes semblables ont leurs parois minces ; quelques-unes de ces cellules s'hypertrophient, épaississent un peu leurs parois qui se couvrent de ponctuations simples, très-profondes et très-étroites.

Il n'y a pas de glandes résinifères dans la moelle ; mais dans le parenchyme herbacé, nous trouvons la terminaison des glandes résinifères qui accompagnent les faisceaux dans leur trajet à travers les feuilles et les cladodes.

Une couche d'épiderme dont les cellules ont des couches cuticulaires épaisses et remplies de cristaux d'oxalate de chaux, recouvre le parenchyme herbacé. Cette couche épidermique est composée de cellules lisses ; elle porte des stomates de distance en distance (fig. 18, pl. 4).

Dans le parenchyme herbacé du *Phyllocladus*, on ne trouve ni hypoderme, ni cellules sclérifiées, ni cristaux d'oxalate de chaux.

De très-bonne heure, entre l'épiderme et le parenchyme herbacé, il se développe une zone de phellogène qui engendre, par division tangentielle unilatérale externe, une lame de liége.

Structure des cladodes (1). — Le cladode se compose d'un

(1) J. Hildebrand (*loc. cit.*) a fait connaître en 1860 la structure des stomates des cladodes de *Phyllocladus*. M. Strasburger (*loc. cit.*), en 1873, a donné une description de la structure des cladodes des *Phyllocladus*. Th. Geyler, en 1867, essaye de décrire le parcours des faisceaux vasculaires primaires (*loc. cit.*). M. J. Sachs, dans son *Lehrbuch*, en 1872, accepte les données du docteur Geyler. M. Van Tieghem, dans une note de sa traduction française du *Lehrbuch* de M. Sachs, revient sur les observations de M. Geyler.

système de faisceaux primaires orientés par rapport à un axe, que je désignerai sous le nom d'axe primitif du cladode. Ces faisceaux ont la même structure que les faisceaux primaires de la tige normale, quand elle est jeune ; seulement chaque faisceau primaire du cladode est accompagné par une glande résinifère qui se termine, d'une part dans la feuille où se rend ce faisceau, d'autre part dans le parenchyme herbacé de l'organe qui supporte le cladode.

Les faisceaux primaires, réunis à la base du cladode, se séparent bientôt ; il en reste cependant trois autour de l'axe primitif du cladode ; mais, comme l'a fort bien fait remarquer M. Van Tieghem dans une note critique sur les observations de M. Geyler, de ces trois faisceaux, un est extérieur par rapport aux deux autres, et se rend dans une feuille, à l'aisselle de laquelle apparaît le bourgeon, dont le système vasculaire est représenté par les deux autres faisceaux. Quant aux autres faisceaux, ils s'écartent à droite et à gauche, tournant toujours dans leurs trachées vers l'axe du système qui les a fournis ; c'est-à-dire que sur une ligne horizontale allant de l'axe primitif au bord du cladode et traversant un de ces faisceaux, on trouve successivement les trachées, les vaisseaux étroits, les fibres ligneuses, la zone cambiale et le liber ; puis, derrière le liber primaire, la glande résinifère, qui accompagne chacun des faisceaux primaires du cladode. Sans changer de structure chaque faisceau primaire entre dans la feuille où il doit se rendre.

Je viens de décrire la structure d'un cladode simple, mais ces cladodes sont très-rares chez les *Phyllocladus*, et en général les cladodes de cette plante sont des cladodes composés. On y rencontre plusieurs axes primitifs d'ordres différents.

Si nous observons, en effet, un très-jeune cladode, nous voyons que dans l'aisselle d'une de ses feuilles (et ce que je dis d'une feuille s'applique à toutes les autres) se développe un bourgeon. Le rameau auquel ce bourgeon donne naissance se transforme en cladode. Ce cladode secondaire, en se développant, adhère par son bord interne avec le bord externe du cladode primaire qui le porte et semble ainsi n'être qu'une expansion, qu'un lobe du cladode primaire. Par conséquent, le cladode des *Phyllocladus* n'est pas, en général, un rameau unique, aplati en forme d'expansion foliacée, c'est tout un système de rameaux tertiaires et secondaires soudés entre eux et au rameau primaire sur lequel ils sont nés. Sans justifier ni expliquer son opinion, M. Ed. Strasburger (1) a adopté cette manière de voir. Un cladode a donc, en général, plusieurs axes primitifs; un seul, le médian, est primaire, les autres sont secondaires; il peut y en avoir de tertiaires et même d'un ordre plus élevé .Quoi qu'il en soit, les faisceaux primaires appartenant à chacun de ces arcs se rendent dans les feuilles en regardant l'axe du rameau auquel ils appartiennent.

Les faisceaux du cladode sont entourés par un parenchyme (fig. 1, pl. 5) dont les cellules arrondies sont gorgées de chlorophylle ; quelques-unes des cellules de ce tissu s'hypertrophient et lui donnent un aspect particulier. Toutefois ce parenchyme revêt les caractères de parenchyme en palissade dans le voisinage de l'épiderme supérieur du cladode.

Les deux faces du cladode sont revêtues d'une couche de cellules épidermiques courtes, cubiques (fig. 16 et 17, pl. 4). A l'exception du *Phyllocladus rhomboidalis*, la face supérieure des cladodes est toujours dépourvue de stomates ; au contraire, la face inférieure de la feuille en est pourvue chez toutes les espèces. Ces stomates sont disposés en files mal définies, et se composent de deux cellules réniformes encastrées dans la face profonde de quatre cellules épidermiques, qui laissent entre elles une antichambre profonde. Les bords de cette antichambre sont relevés d'une manière particulière (fig. 18, pl. 4).

Structure de la feuille (fig. 20, pl. 4). — La feuille ne contient qu'un seul faisceau fibro-vasculaire (*f*, fig. 20, pl. 4) sous lequel nous trouvons une glande résinifère.

Un peu au-dessus de la nervure en contact avec le parenchyme

(1) *Die Gnetaceen und die Coniferen*. Iena, 1872. p. 390-395.

ligneux en *t*. on voit quelques cellules réticulées (1). Le faisceau
est entouré par une masse de parenchyme à cellules arrondies,
pleines de chlorophylle. Le tout est recouvert d'une couche de
cellules épidermiques semblables à celles de l'épiderme supérieur des cladodes et absolument dépourvue de stomates.

Structure de l'écaille (fig. 19, pl. 4). — L'écaille est une
feuille à peine modifiée ; son faisceau se réduit à quelques
trachées, quelques tubes étroits. un peu de parenchyme ligneux
et quelques cellules libériennes. La glande résinifère est plus
petite que celle de la feuille, et son tissu fondamental ne contient pas de chlorophylle.

Les feuilles et les écailles, quoique persistantes, ne vivent
que pendant un temps assez court; il se produit à la base
de ces organes une petite lame transversale de liége ; la feuille
ou l'écaille meurt, mais ne se détache pas.

Parcours des faisceaux primaires.

1er cas. — Les faisceaux primaires entrent dans les feuilles sans traverser un cladode.

Les feuilles sont disposées sur la tige normale suivant une
spirale dont le cycle est 8/21. Si nous fendons la tige suivant
une génératrice, et si nous développons la surface du cylindre
ligneux comme nous l'avons fait pour le *Salisburia*, nous voyons
qu'un faisceau quelconque p naît à la droite du faisceau $p—13$,
dans le plan d'émergence (2) du faisceau $p—16$; p s'incline vers
la droite en même temps qu'il s'élève verticalement. A la hauteur du plan d'émergence de $p—8$, la torsion latérale de p, par
rapport à $p—13$, est $1/21$ de circonférence. A partir de ce point,
p s'élève verticalement; mais au niveau du plan d'émergence
de $p—13$, il donne naissance par sa droite au faisceau $p+13$,
qui sortira sur la verticale qui contient $p—8$; p est lui-même
sur la verticale qui contient $p+21$ et $p—21$.

(1) Les stomates du *Phyllocladus* avaient été étudiés par M. F. Hildebrand en 1860
(*loc. cit.*).
(2) J'entends ici les plans d'émergence horizontaux.

2ᵉ *cas.* — Les faisceaux primaires entrent dans les feuilles en traversant un cladode simple.

Sur la section transversale d'une tige normale, nous trouvons les faisceaux primaires rangés dans l'ordre suivant, en allant de 0 vers 1 et 2 (fig. 2, pl. 5).

$$0 \ldots 8 \ldots 16 \ldots 3 \ldots 11 \ldots 19,6 \ldots 14 \ldots 1 \ldots 17,4$$
$$12 \ldots 20 \ldots 7 \ldots 15 \ldots 2 \ldots\ldots 10 \ldots 18,5 \ldots 13$$

Ces faisceaux sont plus ou moins rapprochés, et dans la formule ci-dessus le nombre des points représente les positions respectives des faisceaux dans le plan d'émergence du faisceau 0. Comprimons la tige de telle manière que 0 et 1 s'éloignant de l'axe, 2 et 3 s'en rapprochent beaucoup ; nous aurons la disposition des faisceaux à la base d'un cladode simple.

Mais, comme je l'ai déjà dit, les faisceaux s'éloignent bientôt de l'axe primitif de l'organe ; le plus souvent il se développe des cladodes secondaires dans l'aisselle de chacune des feuilles d'un cladode primaire, les cladodes secondaires se soudent avec le cladode primaire, et l'ordre premier est absolument troublé.

Quels sont les rapports des faisceaux primaires d'un cladode secondaire avec ceux du cladode primaire ? Pour les bien saisir, il faut connaître les rapports des faisceaux primaires d'un rameau secondaire normal avec un rameau primaire normal également ; puis, déterminer quels sont les changements qui surviennent, lorsque le rameau secondaire devient un cladode. N'ayant pas eu à ma disposition des matériaux en état pour faire cette étude, j'indique cette lacune.

J'ai dit que les seuls anatomistes qui se soient occupés du parcours des faisceaux primaires chez les *Phyllocladus* sont M. Théodore Geyler (1) et M. Van Tieghem (2). Or, d'après les figures et les descriptions du premier de ces deux savants,

(1) *Loc. cit.*, p. 187-189, Taf. 8, fig. 3 et 4.
(2) *Loc. cit.*, p. 571.

les feuilles sont verticillées ; chaque cladode reçoit trois faisceaux ou un certain nombre de systèmes de trois faisceaux groupés de telle manière que le cladode serait un organe absolument asymétrique ; tandis que M. Van Tieghem, dans une note additionnelle du *Lehrbuch* de J. Sachs., a donné la véritable signification de ces groupes de trois faisceaux que l'on rencontre dans la partie supérieure des cladodes (1).

Caractéristiques anatomiques des espèces de Phyllocladus.

Il n'y a que trois espèces de *Phyllocladus* :

1. *P. hypophylla* Hooker, qui habite Bornéo.

2. *P. rhomboidalis* L. C. Rich., qui habite la Tasmanie. — Syn. : *P. aspleniifolia* Hook., *P. serratifolia* Nois., *P. Billardieri* Mirb., *Thalamia aspleniifolia* Sprg., *P. glauca* Carr.

3. *P. trichomanoides* Don, habite la Nouvelle-Zélande et l'île Auckland.— Syn. : *P. rhomboidalis* A. Ric., *P. alpinus* Hook.

Ces trois espèces peuvent facilement être différenciées anatomiquement de la manière suivante :

Les cladodes sont à peine ondulés sur les bords ; il n'y a de stomates que sur une seule face du cladode...................... *P. hypophylla*.

Les cladodes sont fortement lobés sur leurs bords.
{ Stomates sur une seule face du cladode................ *P. trichomanoides*.
{ Stomates sur les deux faces... *P. rhomboidalis*.

Les *P. glauca* Carr. et *P. alpina* Hook. ne sont pas des espèces distinctes : le *P. glauca* est une variété de *P. rhomboidalis* L. C. Richard, et le *P. alpina* est une variété naine de *P. trichomanoides* Don.

(1) Je n'ai eu connaissance des observations de M. Van Tieghem qu'au mois de novembre 1873, et mes recherches sur les cladodes de *Phyllocladus* sont du mois de mai 1873 ; par conséquent M. Van Tieghem, le premier de son côté, moi du mien, nous sommes arrivés au même résultat quant à la signification morphologique des groupes de trois faisceaux qui sont au centre de la partie supérieure des cladodes simples.

Généralités sur les genres *Taxus*, *Torreya* et *Cephalotaxus*.

Historique. — A l'exception de M. Th. Geyler (1), les auteurs qui m'ont précédé ne se sont occupés que de la structure anatomique du genre *Taxus*.

M. H. R. Göppert est le premier anatomiste qui se soit occupé de faire connaître les fibres ligneuses des *Taxus*. Il signala les épaississements spiralés dont les parois de ces fibres sont couvertes, et fit aussi connaître la structure des rayons médullaires, du moins dans la partie ligneuse des faisceaux (2).

En 1852, M. Th. Hartig rappela par une figure les résultats signalés par M. Göppert (3).

M. Dippel, en 1862, fait connaître la structure de l'étui médullaire de *Taxus*.

M. A. B. Frank (4), dans sa belle monographie des variations des faisceaux primaires de la tige de *Taxus baccata*, publiée en 1864, a repris les observations de MM. Göppert et Dippel.

Enfin, M. Julius Schröder, en 1872, fait quelques observations sur la longueur des fibres ligneuses de *Taxus* (5).

Dès 1852, M. Th. Hartig s'occupe de la structure du liber du *Taxus*. Hugo von Mohl, en 1855, revient sur ce sujet. Frank, en 1864, a repris cette question. M. Solms Laubach apporta de nouvelles données en 1871.

M. Geyler, en 1867, étudie, après MM. Hanstein, C. Nägeli et Frank, le parcours des faisceaux primaires du *Taxus*; il étend ses observations sur les genres *Torreya* et *Cephalotaxus*.

M. Hildebrand, en 1860, étudie les stomates des *Taxus*, *Torreya* et *Cephalotaxus*.

---

(1) *Loc. cit.*

(2) Göppert, *De structura* (*loc. cit.*).

(3) Th. Hartig, *Voll. Culturpfl.* (*loc. cit.*).

(4) A. B. Frank, *Ein Beitr. z. kenntn. d. Gefässbundel* (*Bot. Zeit.*, 1864, n° 22-26).

(5) Julius Schröder, *Das Holz der Coniferen.* Dresde, 1872, petit in-8.

M. Friedr. Thomas, en 1863 (1), fait quelques observations sur les cellules épidermiques des *Taxus* et *Torreya*. M. Frank, en 1864 (2), étudie les variations du faisceau de la feuille dans le voisinage du sommet de cet organe chez le *Taxus*. M. Van Tieghem (3) fait quelques remarques sur les glandes résinifères des trois Taxinées dont nous nous occupons.

Structure de la tige. — *Faisceaux.* — Les faisceaux primaires de la tige se composent (fig. 3, pl. 5) de trachées, de vaisseaux grêles et de fibres ligneuses spiralées et aréolées à la fois. Il peut y avoir trois et même quatre spirales distinctes sur une seule fibre ligneuse. Très-souvent ces épaississements spiraux déterminent de singulières réticulations à la surface de la cellule. M. Frank s'est longuement appesanti sur ce point dans sa description des faisceaux primaires du *Taxus baccata*. Très-souvent, les fibres ligneuses se cloisonnent horizontalement et forment du parenchyme ligneux, mais ce tissu ne se trouve jamais qu'en très-petite quantité. La longueur et la largeur des fibres ligneuses varie avec l'espèce, l'individu, l'âge et l'époque de l'année ; c'est pourquoi je répéterai avec M Sanio (4) : « *Vouloir déterminer une Conifère en mesurant ses fibres* » *ligneuses, c'est entreprendre un travail à la fois inutile et dé-* » *pourvu de sens.* »

Les épaississements spiralés dont j'ai parlé plus haut sont très-marqués chez les *Taxus;* ils sont un peu moins saillants chez les *Torreya;* souvent ils sont très-faibles et très-peu marqués chez les *Cephalotaxus;* toutefois ils sont toujours assez nets pour qu'on les reconnaisse sans hésitation.

Derrière les fibres ligneuses, nous trouvons une zone de cambium, puis du liber secondaire et du liber primaire, si la tige est encore jeune.

---

(1) Thomas, *Zur vergl. Laubl.* (*loc. cit.*).

(2) *Loc. cit.*

(3) M. Van Tieghem. *Anatomie des canaux sécréteurs* (*loc. cit.*).

(4) Carl Sanio, *Ueb. d. grösse der Holzellen b. d. Coniferen* (*Jahrb.*, Bd. VIII, Heft 3, 1872).

Chez les *Taxus*, le liber primaire est représenté par des cellules lisses, longues et à parois minces; très-souvent, chez les *Torreya* et les *Cephalotaxus*, le liber primaire est composé de fibres libériennes dont les parois sont fortement épaissies.

Le liber secondaire jeune (L, fig. 12-13, pl. 5) est formé de couches alternantes de parenchyme libérien, de cellules cambiales lisses et de fibres libériennes non encore épaissies. Ainsi, en allant du centre de la tige à la circonférence, on trouve des couches concentriques disposées dans l'ordre suivant :

Parenchyme libérien ;

Cellules lisses ;

Fibres libériennes à parois minces ;

Cellules lisses.

Puis nous recommençons une nouvelle série par du parenchyme libérien. Dès 1852, le professeur Hartig avait indiqué cette régularité des couches des éléments du liber du *Taxus*, soit radialement, soit concentriquement. *Salisburia* et *Phyllocladus* nous avaient présenté quelque chose de semblable.

En examinant une tranche très-mince du liber secondaire, soit du *Taxus*, soit du *Torreya*, soit du *Cephalotaxus*, et ce dernier genre est particulièrement favorable à ce genre d'observation ; si, dis-je, nous examinons une tranche mince de liber secondaire, nous voyons que les parois radiales des cellules cambiales non encore différenciées sont extrêmement épaisses, et que, de très-bonne heure, la région moyenne de ces parois radiales est comme ramollie, et diffère beaucoup de la membrane primaire des fibres ligneuses ou libériennes par exemple: c'est dans cette lame moyenne que se forment ces petits cristaux d'oxalate de chaux signalés par M. Solms Laubach depuis 1871 (1).

Si nous prenons comme exemple le liber secondaire d'un *Taxus* ; comme les transformations sont ici extrêmement lentes,

____

(1) Solms Laubach, *Bot. Zeit.*, 1871.

nous pourrons facilement les suivre pas à pas. Les cellules cambiales, en se cloisonnant horizontalement, donnent du parenchyme libérien ; les cloisons horizontales se couvrent d'abord de ponctuations simples ; puis, un peu plus tard, ces ponctuations se transforment en ponctuations réticulées ; plus tard encore, les cellules parenchymateuses se boursouflent, se déforment, compriment et font disparaître les cellules grillagées (fig. 4, 5, 11, pl. 5).

Les cellules cambiales, lisses, non cloisonnées, s'allongent, et leurs cloisons transversales deviennent extrêmement obliques. On voit se former, de distance en distance, à la surface de ces cellules, de larges ponctuations simples, tant sur les faces latérales que sur les faces transversales des cellules. On voit apparaître ensuite un réseau à la surface de ces ponctuations.

Dans les figures 6 et 7, planche 5, j'ai dessiné quelques-unes de ces ponctuations. La figure 8 de la même planche représente un dessin de ces mêmes ponctuations, d'après M. le professeur Th. Hartig (*Vollst. natur. d. Forstl. Culturpflanzen*. Berlin, 1852, Heft 1. — Pl. 5, fig. *m*). Hugo v. Mohl en 1855, et Herm. Schacht en 1860, ont reproduit ce même schéma.

Étudions maintenant le dernier élément du liber secondaire, à savoir les fibres libériennes ; ces éléments sont très-volumineux chez le *Cephalotaxus* (fig. 5, pl. 5), tandis que chez le *Taxus* (fig. 4, pl. 4) ils sont beaucoup plus petits.

J'ai déjà dit que la lamelle moyenne de la plupart des parois radiales des cellules cambiales du liber secondaire se ramollissait, et que de nombreux cristaux d'oxalate de chaux en enveloppe de lettre ne tardaient pas à se former dans la partie ramollie. Ce que j'ai dit des parois radiales en général s'applique à quelques parois tangentielles ; c'est ce qui a lieu près des cellules cambiales qui doivent se transformer en fibres libériennes. Très-jeune encore une fibre libérienne est donc toujours entourée de cristaux, et ceux-ci sont très-volumineux chez le *Cephalotaxus*. Bientôt après, chez le *Torreya* et le *Cephalotaxus* ; longtemps après, au contraire, chez le *Taxus*, la membrane s'épaissit et se différencie en membrane primaire et en couches secondaires, pendant que la substance intermédiaire se colore en rouge brun et se détruit (1) (fig. 10, pl. 5).

La figure 9, planche 5, qui n'est qu'une reproduction de la figure 6, tableau 9 du mémoire publié en 1852 par M. Hartig, représente des cellules épaissies *h h*, flottant dans la cavité de cellules dont les parois sont couvertes de granules arrondis. M. A. B. Frank, en 1864, rectifia partiellement cette inexactitude; mais il prit pour de petits granules de cellulose faisant saillie à la face interne de la cellule les cristaux d'oxalate de chaux contenus dans la membrane (2). En 1871, M. Solms Laubach corrigea l'observation de A. B. Frank.

Les cellules grillagées et les fibres libériennes comprimées par les cellules du parenchyme libérien hypertrophiées, peuvent même disparaître par suite de la soudure des deux faces tangentielles de la cellule.

Il n'y a de glande résinifère, ni dans le bois, ni dans le liber.

Tissu fondamental et système tégumentaire. — La moelle ne présente rien de particulier; elle est composée de cellules arrondies, un peu plus petites dans le voisinage des faisceaux; il n'y a jamais de glande résinifère dans cette moelle.

Les rayons médullaires sont formés d'un seul rang de cellules dont les ponctuations latérales sont simples, oblongues, légèrement inclinées de haut en bas et de dehors en dedans; au delà de la zone cambiale, nous retrouvons la structure que nous avons déjà vue chez l'*Ephedra* et chez le *Salisburia*.

Le parenchyme herbacé est formé de cellules à parois minces couvertes de ponctuations simples et pleines de chlorophylle. Chez les *Torreya* et chez les *Cephalotaxus*, quelques-unes de ces

---

(1) Je donne le nom de *substance intermédiaire* à la lamelle moyenne ramollie des parois radiales; cette matière intermédiaire est très-distincte des membranes primaires des auteurs; elle existe souvent en même temps que ces dernières.

(2) D'après A. B. Frank, ces granules se colorent en bleu sous l'action de l'iode et de l'acide sulfurique; ils sont insolubles dans l'acide chlorhydrique, solubles dans l'acide sulfurique, gonflés par la potasse et colorés en bleu par le chloroiodure de zinc. J'ai donné plus haut les caractères chimiques de ces corps, qui sont des cristaux d'oxalate de chaux.

cellules se sclérifient, tandis que chez les *Taxus* il n'y a jamais dans cette région de cellules scléreuses. Chez les *Cephalotaxus*, la couche sous-épidermique des cellules du parenchyme herbacé se transforme en fibres hypodermiques. Chez les *Torreya* et chez les *Taxus*, il n'y a pas d'hypoderme.

Chez les *Torreya* et les *Cephalotaxus*, on trouve dans le parenchyme herbacé la terminaison des glandes résinifères de la feuille ; mais chez les *Taxus* il n'y a pas de glande résinifère dans cette région de la plante.

Dans les trois genres que nous étudions, la couche d'épiderme n'a qu'un rang de cellules. Chez les *Cephalotaxus* et chez les *Taxus*, les cellules épidermiques sont courtes, lisses, à parois assez minces; leur cuticule, très-épaisse, est remplie de cristaux d'oxalate de chaux. Chez les *Torreya*, les cellules épidermiques sont allongées en fibres à parois très-épaisses ; leur cuticule, extrêmement développée, contient aussi beaucoup de petits cristaux d'oxalate de chaux.

Décortication. — La formation du liège primaire diffère suivant qu'on la considère chez les *Torreya*, les *Taxus* et les *Cephalotaxus*. Chez les *Torreya* (fig. 12, pl. 5), une lame de phellogène apparaît sous l'épiderme. Dans les *Cephalotaxus* ou les *Taxus*, des arcs de phellogène se réunissent pour former un anneau complet entre les glandes résinifères et le liber primaire ; ce phellogène engendre du liège par division unilatérale externe et détache tous les coussinets des feuilles.

La formation du liège secondaire et de l'écorce crevassée, ou rhytidome, se fait de la même manière dans les trois genres. En effet, des arcs de phellogène apparaissent (*p*, fig. 11, pl. 5) dans le liber secondaire, où ils engendrent une mince lame de liège par division tangentielle unilatérale externe ; enfin les écailles de rhytidome se détachent de la tige après un temps très-long.

Structure de la feuille (1). — *Faisceau.* — La feuille n'a qu'un seul faisceau primaire, qui ne se divise pas dans son parcours à travers le limbe. La structure anatomique de ce faisceau est à peu près la même que celle des faisceaux primaires jeunes de la tige. Quant aux modifications qu'éprouvent les faisceaux dans le voisinage de leurs terminaisons, elles ont été très-bien étudiées par A. B. Frank dans le *Taxus baccata;* les éléments ligneux disparaissent, et il ne reste plus que quelques cellules réticulées (2).

De chaque côté de la partie ligneuse du faisceau de la feuille, nous voyons quelques cellules d'autant plus volumineuses qu'elles sont plus éloignées du faisceau et qui sont couvertes d'épaississements réticulés (fig. 2-, *t*, pl. 5) : ce sont ces cellules que je désigne plus spécialement chez les Conifères par le nom de *cellules réticulées* ou de *tissu réticulé.* Ces éléments ont été très-bien étudiés par A. B. Frank en 1864.

Il n'y a pas de *gaine protectrice* caractérisée autour de la nervure.

Chez les *Taxus,* la nervure est très-étroite, tandis que chez les *Torreya* et chez les *Cephalotaxus* elle est au contraire très-large ; et, de plus, on trouve sous la nervure, dans ces deux derniers genres, une glande résinifère petite chez les *Cephalotaxus,* très-volumineuse chez les *Torreya* (fig. 14, 21, 26, pl. 5). Ces glandes résinifères des *Cephalotaxus* et des *Torreya* se terminent dans le parenchyme herbacé de la tige.

---

(1) Les feuilles sont persistantes, sessiles, étroites, aplaties, uninerviées, d'un vert foncé en dessus, présentant deux bandelettes glauques en dessous ; elles sont légèrement rétrécies à leur base, et une petite torsion de cette partie étroite rejette la feuille à droite ou à gauche du rameau qui la porte, tournant ainsi vers le sol la face de la feuille qui porte les stomates (*a*) ; en même temps la feuille est comme couchée sur le rameau.

La feuille est portée par un coussinet peu saillant, d'une forme particulière (pl. 6, fig. 1) ; la cicatrice laissée par la feuille est elliptique, très-petite ; le coussinet tombe presque toujours très-peu de temps après la chute de la feuille.

(2) A. B. Frank, *Bot. Zeit.*, 1864 (*loc. cit.*).

(a) A. B. Frank. *Sur la distribution des stomates sur les feuilles des Conifères* (Bot. Zeit., n° 48, 1872).

Le tissu fondamental de la feuille est différencié en parenchyme rameux et en parenchyme en palissade.

Le système tégumentaire de la feuille est formé par une seule couche de cellules épidermiques. Je reviendrai sur ces éléments anatomiques, ainsi que sur les fibres hypodermiques et les fibres pseudolibériennes, en décrivant spécialement chacun des genres *Taxus*, *Torreya* et *Cephalotaxus*.

Les écailles ne sont que des feuilles restées à l'état rudimentaire.

Parcours des faisceaux. — Il y a quelques différences génériques sur le parcours des faisceaux primaires des *Taxus*, *Torreya* et *Cephalotaxus* (1).

---

(1) Le cycle d'insertion des feuilles des *Taxus* est 5/13 ou 3/8. Si nous suivons un faisceau primaire quelconque p: 1, 2, 3....n désignant les feuilles d'un même rameau dans l'ordre où elles sont placées sur la spirale qui les contient toutes; p naît à droite du faisceau p—8. il monte en s'inclinant légèrement vers la droite; après avoir décrit 1/13 de circonférence, il s'élève verticalement. A la hauteur du plan d'émergence de p—3, p donne naissance au faisceau p+8; il reste libre pendant trois entre-nœuds, puis il sort de la tige.

Chez les *Torreya*, les feuilles sont opposées deux à deux; il en est de même des faisceaux primaires qui s'y rendent. Si 0', 1', 2', 3'.....n désignent les membres d'une première série de faisceaux; 0'', 1'', 2'', 3'' .....n'' les membres d'une seconde série diamétralement opposés à ceux de la première : 1' donne naissance, à sa gauche, au faisceau 4', qui fournira à son tour 7'; 1'' donne de même naissance, à sa gauche, à 4'', qui donnera 7'' à son tour; 1' et 6' sortent sur une même verticale.

Le parcours des faisceaux primaires des *Cephalotaxus* est le même que celui des faisceaux primaires des *Torreya* (2).

(2) Voyez sur ce sujet le mémoire de Th. Caruel (*).

CARACTÈRES ANATOMIQUES DE CHACUN DES GENRES *TAXUS,*
TORREYA ET *CEPHALOTAXUS.*

I.-C. 3. — TAXUS Tournefort.

Il n'y a jamais de glande résinifère dans la feuille du *Taxus
baccata;* mais quelques cellules du parenchyme rameux du
T. Wallichiana sont pleines de résine; il en est de même
de la plupart des cellules épidermiques des *T. montana* et
T. globosa.

L'épiderme supérieur (fig. 16, pl. 5) est formé de cellules
presque cubiques dont les parois extérieures sont généralement
lisses (1) (fig. 18, pl. 5). Ces cellules sont très-volumineuses chez
le *T. montana.*

Chez quelques espèces, toutes les cellules de l'épiderme
inférieur sont couvertes de mamelons arrondis : *T. montana,
T. globosa. T. Wallichiana.* Chez d'autres, au contraire, les
cellules épidermiques placées sous la nervure sont lisses : *T. baccata, T. canadensis.*

Les stomates sont toujours situés à la face inférieure de la
feuille, où ils forment de longues files parallèles (*s,* fig. 14
et 15, pl. 5) ; ces files sont groupées en bandelettes.

A l'exception du *T. canadensis,* les cellules épidermiques des
bandelettes des autres *Taxus* sont mamelonnées. Chaque stomate (fig. 15, 17, pl. 5) se compose de deux cellules réniformes encastrées dans la face inférieure de quatre cellules
épidermiques fortement mamelonnées. Chaque stomate se
trouve, par suite, précédé d'une antichambre profonde, et cette
disposition imprime un aspect caractéristique à la bandelette
(fig. 15, pl. 5).

Il n'y a jamais, ni fibres hypodermiques, ni cellules pseudo-
libériennes, ni sclérites, dans les feuilles des *Taxus.*

---

(1) Chez *T. montana* elles sont couvertes de mamelons arrondis.

Caractères anatomiques des espèces du genre Taxus. — Le genre *Taxus* de Tournefort contient cinq espèces qui peuvent être caractérisées anatomiquement, ainsi qu'il suit (1) :

Épiderme supérieur de la feuille entièrement mamelonné. 6 files de stomates par bandelette. Épiderme inférieur mamelonné sous la nervure. Pas de cellules à résine dans le parenchyme rameux . . . . *T. montana* Nutt.

Épiderme supérieur non mamelonné.

   Épiderme inférieur mamelonné sous la nervure.
     7 files de stomates, des cellules à résine . . . . *T. Wallichiana* S. Z.
     9 files de stomates, pas de cellules à résine . . . . *T. globosa* Schlecht.

   Épiderme inférieur non mamelonné.
     12 files de stomates. Épiderme des bandelettes fortement mamelonné ; pas de cellules à résine. *T. baccata* Tourn.
     6 files de stomates. Épiderme de la bandelette non mamelonné ; pas de cellules à résine . . . . *T. canadensis* Will.

En dehors des botanistes descripteurs, les auteurs qui se sont occupés de la distribution géographique des espèces du genre *Taxus* sont M. Beinling (2), Zuccarini (3), H. Schacht (4), Gansauge (5) et Seehaus (6) : les trois derniers se sont surtout occupés du *Taxus baccata*.

I. — C. 4. — TORREYA Arnott.

Syn. : Caryotaxus Zuccarini ; Foetataxus Nelson.

Les *Torreya* habitent la Chine, le Japon (*T. nucifera*), a

(1) Syn. : Le *Taxus montana* de Nuttall, qui habite la partie orientale du Canada, est synonyme du *T. Floridiana* Nutt. — Le *T. Wallichiana* S. Z. a été regardé bien à tort comme une variété de notre *Taxus baccata*; cette espèce habite l'Himalaya et le Boutan. — Le *T. globosa* Schlect. habite au Mexique sur le Real del Monte; il n'a pas de synonyme. — Le *T. baccata* de Tournefort comprend parmi ses variétés : *T. cuspidata* S. Z., *T. depressa*, *T. fastigiata*, *Cephalotaxus tardiva*. Cette plante habite l'Europe, et, dans l'Asie, toute la région située au delà du 30e de latitude nord. — Le *T. canadensis* Willdenow habite le Canada. Cette espèce n'a pas de synonyme.

(2) Beinling, *loc. cit.*

(3) Zuccarini, *Flora japonica*, 1843.

(4) H. Schacht, *Der Baum*, 1860.

(5) Gansauge, *Ueber* Taxus baccata (*Bot. Zeit.*, 1862).

(6) Seehaus, *Ist die Eibe ein norddeutscher Baum ?* (*Bot. Zeit.*, 1862).

Californie et la Floride (*T. taxifolia*). Ces plantes sont propres à l'hémisphère nord.

Caractères anatomiques de la feuille. — Sous le faisceau on trouve une très-grande glande (fig. 21, pl. 5). Quelques cellules du tissu fondamental de la feuille se transforment en fibres pseudolibériennes chez le *T. nucifera*. Il n'y a pas d'hypoderme chez les *Torreya*.

L'épiderme supérieur se compose de très-longues cellules (fig. 23, 25, pl. 5), dont les parois sont très-fortement épaissies. Les couches cuticulaires et la cuticule sont extrêmement épaisses ; elles contiennent un nombre considérable de très-petits cristaux d'oxalate de chaux. Les parties de l'épiderme inférieur correspondant à la nervure et près des bords de la feuille présentent la même structure que l'épiderme supérieur. Dans les bandelettes, qui sont au nombre de deux, situées à la face inférieure de la feuille de chaque côté de la nervure (fig. 21, 22, 24, pl. 5), les cellules épidermiques ont la forme de petits cubes surmontés de longues bosses. Ces cellules entourent les stomates et forment de grandes chambres en avant de ces organes. Les stomates sont, comme chez le *Taxus*, formés d'une paire de cellules réniformes ; ces cellules sont disposées en files groupées en bandelettes.

Caractères anatomiques des espèces du genre Torreya. — Il n'y a que deux espèces de *Torreya* qui se différencient par ce caractère anatomique, que l'une, *T. nucifera*, a des fibres pseudolibériennes, tandis que l'autre, *T. taxifolia*, n'en a jamais (1).

Le *T. grandis* Fort. est une variété du *T. nucifera* S. Z., et le *Torreya Myristica* Hook. f. une variété du *T. taxifolia*.

---

(1) Syn. : Le *T. nucifera* Sieb. Zucc. a pour synonymes : *Taxus nucifera* Kæmpf., *Podocarpus coreana* Hort., *Caryotaxus nucifera* Nelson. — Le *T. taxifolia* Arnott a pour synonymes : *T. montana* Hort., *Fœtataxus montana* Nelson, *Stinking Cedras*

I. — C. 5. — CEPHALOTAXUS Sieb. et Zuccar.

Les *Cephalotaxus* ne se trouvent qu'en Chine et au Japon.

Caractères anatomiques de la feuille des Cephalotaxus. — Sous la nervure on trouve toujours une glande résinifère très-petite. Chez le *C. pedunculata*, il y a des fibres pseudolibériennes dans le tissu fondamental, mais jamais il n'y a d'hypoderme. Chez le *C. Fortunei*, au contraire, il y a des fibres hypodermiques, mais jamais de fibres pseudolibériennes.

L'épiderme supérieur de la feuille (fig. 28, 30, pl. 5) est composé de cellules presque cubiques, lisses, à parois minces. Les cellules de l'épiderme inférieur situées sous la nervure et sur les bords de la feuille ont la même structure.

Les bords de la feuille des *Cephalotaxus* sont lisses, comme chez les *Torreya*; mais dans les *Taxus* les mêmes parties de la feuille sont mamelonnées (fig. 19, pl. 5).

L'épiderme des bandelettes est composé de cellules cubiques (fig. 27, 29, pl. 5), lisses, à parois minces. Les stomates, composés de deux cellules réniformes, sont disposés en files, et les files groupées en bandelettes (1).

Caractères anatomiques des espèces du genre Cephalotaxus. — J'ai déjà indiqué plus haut un premier caractère qui différenciait les deux espèces de *Cephalotaxus : C. pedunculata* S. Z. (2) et *C. Fortunei* Hook. f. (3). On peut ajouter à ce premier caractère la différence suivante : Le *C. pedunculata* a de quinze à

---

(1) M. Hildebrand (*loc. cit.*) ayant pris le *Cephalotaxus tardiva*, simple variété du *Taxus baccata*, pour un vrai *Cephalotaxus*, a décrit deux formes de stomates chez les *Cephalotaxus*.

(2) Syn. : *Taxus sinensis* Knight, *Taxus Harringtonia* Forbes, *Cephalotaxus drupacea* S. Z., et ses synonymes *Podocarpus drupacea* Hort., *Taxus baccata* Thunb., *Cephalotaxus coriacea* Knight, *Taxus japonica* Hook. ex Gordon. Cette plante habite le Japon.

(3) Syn. : *C. filiformis* Knight.

dix-sept files de stomates par bandelette, le *C. Fortunei* en a au moins vingt-deux (1).

Si dans les trois genres *Taxus*, *Torreya* et *Cephalotaxus*, qui sont très-voisins, nous mettons en présence les espèces et les localités qu'elles habitent ; si en même temps nous les rangeons d'après leurs affinités organiques, nous aurons le tableau suivant :

TAXUS.

T. baccata, Europe.	*T. canadensis*, Canada.
T. Wallichiana, Inde.	*T. globosa*, Canada.
	T. montana, Californie.

TORREYA.

T. nucifera, Japon.	*T. taxifolia*, Californie.

CEPHALOTAXUS.

C. Fortunei, Chine.
C. pedunculata, Japon.

C'est-à-dire que les espèces les plus voisines anatomiquement sont aussi les plus voisines géographiquement. De plus, on voit une sorte de parallélisme entre la flore de l'Amérique du Nord et celle de l'Asie, la flore de l'Europe servant d'intermédiaire entre les deux précédentes.

Résumé des caractères anatomiques qui différencient entre eux les genres *Taxus*, *Torreya* et *Cephalotaxus*.

Taxus. — Pas de glande résinifère dans le parenchyme herbacé, cellules de l'épiderme de la tige à parois minces ; pas d'hypoderme, ni de sclérite ; fibres libériennes très-lentes à s'épaissir ; le liége primaire apparaît dans le parenchyme herbacé. — Feuilles sans glande résinifère ; cellules de l'épiderme à parois minces, mamelonnées dans les bandelettes ;

(1) Pour compter les stomates, on prend une feuille adulte et l'on examine à la loupe les files blanches qui sont dans la partie médiane de la feuille ; ou mieux encore on prépare un épiderme de feuille par la macération de Schultz (acide azotique et chlorate de potasse).

pas d'hypoderme : les bords de la feuille portent de très-petites saillies.

Torreya. — Des glandes résinifères dans le parenchyme herbacé; cellules de l'épiderme de la tige à parois épaisses; pas d'hypoderme, des sclérites; fibres libériennes s'épaississant rapidement; le liége primaire apparaît entre l'épiderme et le parenchyme herbacé. — Feuilles avec une grosse glande médiane sous la nervure; cellules de l'épiderme à parois épaisses; celles des bandelettes ont leurs parois minces et sont mamelonnées; pas d'hypoderme : les bords de la feuille sont lisses.

Cephalotaxus. — Des glandes résinifères dans le parenchyme herbacé; cellules de l'épiderme de la tige à parois minces; de l'hypoderme, des sclérites; fibres libériennes s'épaississant très-rapidement; le liége primaire apparaît dans le parenchyme herbacé. — Feuilles munies d'une petite glande médiane sous la nervure; cellules de l'épiderme à parois minces, lisses; de l'hypoderme ou des fibres pseudolibériennes; les bords de la feuille sont lisses.

I. — C. 6. — PODOCARPUS L'Héritier.

Le genre *Podocarpus* peut être divisé en cinq sections : les *Podocarpus*, les *Prumnopitys*, les *Polypodiopsis*, les *Nageia* et les *Dacrydium*.

Historique. — En dehors du travail de M. Geyler (1) sur le parcours des faisceaux primaires de la tige de quelques *Podocarpus*, je ne connais aucun travail sur l'anatomie de ces plantes.

M. Hildebrand, en 1860, étudie les stomates de quelques *Podocarpus* et des *Dacrydium* (2). En 1863, M. Friedr. Thomas

(1) M. Th. Geyler, *Jahrb.*, 1867.
(2) *Loc. cit.*

examine la structure du tissu fondamental des feuilles des *Podo-carpus* (*Eupodocarpus*) (1). Enfin, en 1872, H. v. Mohl parle incidemment du parenchyme de leur feuille (2).

Le docteur Beinling a étudié la distribution géographique de la plupart de ces plantes (3).

Structure de la tige. — *Faisceaux.* — La structure des faisceaux primaires de la tige des *Podocarpus* est la même que celle des faisceaux des *Taxus*, à cela près pourtant que les fibres ligneuses n'ont point d'épaississements spiralés, et que le parenchyme ligneux s'y trouve souvent en quantité plus considérable que chez ce dernier. Les fibres libériennes présentent des parois épaisses de très-bonne heure. De même que chez les *Taxus* il n'y a jamais de glandes résinifères, ni dans le bois, ni dans le liber (4).

Tissu fondamental et système tégumentaire. — La moelle est composée de cellules arrondies, et ses rapports avec les faisceaux sont à peu près ce que nous avons déjà vu chez les *Taxus*, les *Torreya* et les *Cephalotaxus* (fig. 2, pl. 6). Les rayons médullaires ont un ou deux rangs de cellules d'épaisseur; les parois des cellules des rayons sont assez peu épaisses, et les ponctuations de leurs parois latérales forment de larges ellipses; quelquefois ces ponctuations latérales sont aréolées, mais ce fait est beaucoup plus rare. Dans sa région libérienne, la structure du rayon médullaire est celle que nous avons déjà décrite chez les *Taxus*.

L'écorce primaire se compose d'un parenchyme herbacé à cellules gorgées de chlorophylle et munies de parois assez

---

(1) *Loc. cit.*

(2) H. von Mohl, *Ueber Morphologie der Blättern von* Sciadopitys (*Bot. Zeit.,* 1871. nᵒˢ 1 et 2).

(3) Dʳ Beinling, *Ueber die geograph. Verbreitung d. Coniferen.* Breslau, 1858, in-4.

(4) De même que chez les *Taxus*, on trouve des cristaux d'oxalate de chaux dans les parois cellulaires des éléments libériens, mais jamais on ne trouve de cristaux dans l'intérieur des cavités cellulaires.

épaisses, et dont la couche externe se transforme toujours
en hypoderme. On trouve toujours dans ce parenchyme herbacé
les terminaisons des glandes résinifères des feuilles.

Le système tégumentaire est formé par une seule couche
de cellules épidermiques à parois minces, lisses, sans poils
ni stomates.

Décortication. — Dans les espèces du genre *Podocarpus* qui
forment les sections des *Podocarpus* (*Eupodocarpus*), *Prumnopitys* et *Nageia*, on voit se former une lame de phellogène
immédiatement au-dessous de l'hypoderme. Ce phellogène engendre une lame de liège. Chez les plantes de la section des
Dacrydium, la première lame de phellogène apparaît entre les
glandes résinifères du parenchyme herbacé et le liber primaire;
elle enlève donc une partie du parenchyme herbacé en même
temps que l'épiderme et l'hypoderme (1).

Quel que soit le mode de formation du liège primaire, on voit
apparaître de petits arcs de phellogène au milieu même du liber
secondaire; ces lames de phellogène déterminent la formation
de lentilles de rhytidome, absolument comme chez les *Taxus*.
Les *Podocarpus* se distinguent toutefois par cette particularité
que les parois des cellules en contact avec le phellogène s'emplissent de cristaux d'oxalate de chaux.

Structure de la feuille. — Dans les sections des *Podocarpus*
proprement dits, *Prumnopitys*, *Polypodiopsis* et *Dacrydium*,
la nervure est formée par un seul faisceau indivis, tandis que
dans les *Nageia* le faisceau primaire unique qui se rend à la
feuille se partage à la base du limbe en un grand nombre de

1. Je n'ai pu étudier les phénomènes de la décortication chez les *Polypodiopsis*,
faute de matériaux.

(2) Dans les sections des *Podocarpus* (*Eupodocarpus*), *Prumnopitys*, *Polypodiopsis*, les feuilles sont persistantes, sessiles, aplaties, légèrement étranglées à leur
base; chez les *Podocarpus*, leurs dimensions varient beaucoup suivant les espèces.
Dans les trois autres genres elles ont à peu près la même grandeur que chez les
Torreya.

nervures parallèles, dont les plus volumineuses se scindent un peu plus haut en plusieurs branches parallèles.

La structure des faisceaux de la feuille est la même que celle des jeunes faisceaux primaires de la tige (fig. 4, 12, 14, 19, pl. 6). De chaque côté de la nervure on trouve toujours une petite masse de cellules réticulées.

On rencontre constamment sous chaque faisceau une glande résinifère ; chez quelques *Podocarpus* et chez les *Polypodiopsis*, les feuilles sont couchées sur les rameaux, comme dans les *Taxus*, et une légère torsion de leur base les rejette à droite et à gauche comme dans cette plante. Chez les autres *Podocarpus* et *Prumnopitys*, les feuilles au contraire ne sont pas appliquées sur les rameaux.

A l'exception du *Podocarpus elongata* et des plantes des trois dernières sections, la face supérieure de la feuille est dépourvue de stomates. Au contraire, la face inférieure en porte toujours deux larges bandelettes, mais assez mal délimitées d'ailleurs. Les *Podocarpus elongata* et *amara* n'ont pas de bandelette à la face inférieure de la feuille ; les files de stomates parallèles à la nervure couvrent toute la face inférieure du limbe ; les *Polypodiopsis* présentent, en outre, une glande résinifère au milieu du parenchyme fondamental de la feuille, de chaque côté de la nervure. Le volume de ces glandes varie, d'ailleurs, d'un genre ou même d'une espèce à l'autre.

Le parenchyme fondamental est toujours différencié en parenchyme rameux et en parenchyme en palissade, les *Dacrydium* cependant font exception à cette règle.

Structure des écailles. — Les écailles, lorsqu'elles existent, ne sont que des feuilles incomplétement développées. Le faisceau est toujours unique et indivis ; il surmonte une glande résinifère souvent très-volumineuse. Le parenchyme fondamental n'est pas différencié en parenchyme rameux et en parenchyme en palissade ; en général, il contient des fibres pseudolibériennes,

et sa couche externe est transformée en fibres hypodermiques.
L'épiderme de l'écaille est composé de cellules cubiques courtes,
lisses ; celles de la face externe ont leurs parois fortement
épaissies, celles de la face interne ont au contraire leurs
parois minces.

CARACTÈRES ANATOMIQUES DES SECTIONS DU GENRE *PODOCARPUS*.

Première section. — PODOCARPUS (*Eupodocarpus*).

Les *Podocarpus* proprement dits habitent l'est de l'Asie,
Sumatra, Java, Bornéo, la Nouvelle-Guinée, la Nouvelle-Hol-
lande, la Tasmanie, la Nouvelle-Zélande, l'Amérique du Sud,
la Jamaïque et le cap de Bonne-Espérance (1).

Caractères anatomiques des feuilles des Podocarpus (*Eupodocarpus*). — La nervure, très-large chez quelques espèces,
très-étroite chez d'autres, présente chez le *P. amara* un profond
sillon médian. De chaque côté de la nervure on trouve accolés à
la masse ligneuse des cellules réticulées, d'autant plus petites
qu'elles sont plus près des fibres ligneuses : ceux de ces éléments
qui sont au contact des fibres ligneuses ne sont que des cellules
ligneuses courtes ; les autres sont des cellules du tissu fondamental, modifiées par des épaississements particuliers. Suivant
les espèces, ces cellules réticulées sont plus ou moins développées ; c'est chez le *P. elongata* qu'elles sont les plus nombreuses et les mieux apparentes (fig. 3, 4, pl. 6). Une gaîne
très-mal définie sépare ce tissu et le faisceau du reste du tissu
fondamental de la feuille.

La différenciation du tissu fondamental en parenchyme en
palissade et en parenchyme rameux est plus complète chez
les *Podocarpus* proprement dits que chez les autres Conifères.
En effet, les cellules du tissu fondamental comprises entre le

(1) Certains auteurs ont cité le *Podocarpus elongata* L'Her. parmi les plantes abys-
siniennes, mais jusqu'ici l'authenticité de ces observations n'a pas été établie.

parenchyme en palissade, le parenchyme rameux et la gaîne de
la nervure, s'allongent, épaississent souvent très-fortement leurs
parois, qui se couvrent de profondes ponctuations simples, et
forment ainsi un tissu particulier que M. v. Mohl a nommé *tissu
de transfusion* (1). En général, le tissu de transfusion et le tissu
réticulé ne sont pas en contact immédiat ; les cellules de la gaîne
les séparent (2).

L'épiderme supérieur (fig. 7, pl. 6) est formé de cellules
cubiques à parois presque lisses et assez minces ; la partie
de l'épiderme inférieur placé sous la nervure a la même
structure que l'épiderme supérieur ; la structure des bandelettes rappelle tout à fait ce que nous avons vu dans les *Cephalotaxus*.

Sous l'épiderme il y a, en général, une couche de fibres hypodermiques épaissies.

Parcours des faisceaux. — Suivant les espèces et suivant les
individus, les cycles d'insertion des feuilles sont très-variables.
Sur un même individu, ils varient d'une branche à l'autre, et
cela sans la moindre régularité dans la succession des cycles ;
3/8 et 5/13 sont ceux que l'on rencontre le plus souvent.
Quel que soit le cycle, le parcours des faisceaux primaires est,
à peu de chose près, ce que nous avons vu chez le *Taxus* ; aussi
ne m'y arrêterai-je pas davantage.

(1) H. von Mohl, *Ueber Morphologie der Blattern* Sciadopitys verticillata S. Z. (*Bot.
Zeit.*, 1871, n°s 1 et 2).

(2) En 1863, le tissu de transfusion avait été observé chez le *P. elongata* par
M. F. Thomas ; mais, malgré la description de cet auteur, M. Frank et H. von Mohl
(le premier chez le *Taxus*, en 1864, le second chez le *Podocarpus elongata*, en 1871)
désignèrent sous le même nom le *tissu réticulé* et le *tissu de transfusion* ; d'où la
critique très-vive adressée par H. von Mohl au travail de M. A. B. Frank sur le
Taxus baccata.

Tableau synoptique des caractères anatomiques des espèces de la section des Podocarpus (Eupodocarpus).

Des stomates sur les deux faces de la feuille. Le tissu aréolé est extrêmement développé... *P. elongata.*

Des stomates sur la face inférieure de la feuille seulement.

- Pas de bandelette sur la face inférieure.
  - Pas d'hypoderme; la nervure présente un profond sillon médian.................... *P. amara.*
  - De l'hypoderme: la nervure n'est pas sillonnée. *P. coriacea.*
- Deux bandelettes sur la face inférieure de la feuille.
  - Plus de 20 files de stomates.
    - 75 files par bandelette...................... *P. Rhumphii.*
    - 60 files par bandelette...................... *P. neriifolia.*
    - 45 files par bandelette...
      - Pas d'hypod. entre les stomates........... *P. bracteata.*
      - De l'hypoderme.... *P. polystachya*
    - 27 files par bandelette .... *P. leptostachya.*
    - 20 files par bandelette...
      - Pas d'hypod. entre les files de stomates... *P. chinensis.*
      - De l'hypoderme entre les files de stomates. *P. macrophylla.*
  - Moins de 20 files de stomates.
    - 18 files de stomates au plus.
      - Pas d'hypod. entre les files.
        - Pas de cellules à résine dans le parenchyme. *P. chilina.*
        - Des cellules à résine. *P. Brownii.*
      - De l'hypod. entre les files de stomates. *P. glomerata.*
    - 9-12 files de stomates au plus.
      - De l'hypoderme.
        - De l'hypoderme entre les files........ *P. Totara.*
        - Pas d'hypod. entre les files........... *P. Lamberti.*
      - Pas du tout d'hypoderme........ *P. taxifolia.*

Si nous rangeons les *Podocarpus* dans l'ordre de leurs affinités naturelles, et si en même temps nous mettons en regard les localités habitées par ces plantes, nous aurons le tableau suivant :

P. amara, Java.	*P. Totara,* Nouvelle-Zélande.	*P. Brownii,* Nlle-Hollande.	*P. elongata,* cap B.-E.
	P. Lamberti, Brésil.		
	P. glomerata, Pérou.		
P. macrophylla, Japon.	*P. chilina,* Chili.		
P. chinensis, Chine.			
P. leptostachya, Bornéo.			
P. polystachya, Singapour.	*P. taxifolia,* Chine.		
P. bracteata, Amboine.			
P. neriifolia, Singapour.			
P. Rhumphii, Nouvelle-Guinée.			
P. coriacea, Jamaïque.			

Synonymie des espèces de la section des Podocarpus *(Eupodocarpus).*

Le *P. elongata* L'Hérit. habite l'Afrique australe. — Syn.: *P. pruinosa* E. Mey., *P. Meyeriana* Endl., *P. falcata* R. Br., *P. linearis* Hort., *Taxus elongata* Soland., *T. capensis* Law.

Le *P. amara* Blume. — Syn.: *P. cuspidata* Hort.

P. coriacea Rich. — Syn.: *P. Yacca* Don, *P. Antillarum* R. Br., *Taxus lancifolia* Wickström.

P. Rhumphii Blume. — Habite les îles Moluques et la Nouvelle-Guinée. — Syn.: *Nageia agathifolia* Bl., *N. Blumei* Gord., *Cerbera neriifolia* Zipp., *Lignum emanum* Rhumph.

P. neriifolia R. Br. — Habite la presqu'île de Malacca. — Syn.: *P. macrophylla* Wall.

P. bracteata Blume. — Habite les forêts d'Amboine.

P. polystachya R. Br. — Habite Singapour (1).

P. leptostachya Blume. — Habite Bornéo.

P. chinensis Wallich. — Habite la Chine (2). — Syn.: *P. makis* et *Juniperus chinensis* Roxbg.

P. macrophylla Don. — Habite le Japon. — Syn.: *Taxus macrophylla* Banks. *P. mucronata* Hort.

P. chilina Rich. — Habite le Chili. — Syn.: *P. saligna* Don.

P. Brownii, nov. sp. — Habite la rivière des Cygnes, sur la côte occidentale de l'Australie (3).

---

(1) Les *P. Purdiana* Hook., *P. salicifolia* Klotzsch, *P. Selloum* Klotzsch. se rattachent étroitement par l'anatomie au *P. polystachya* R. Br.

(2) Les *P. corrugata* Gord., *P. longifolia* Hort. aliq., ne diffèrent pas anatomiquement du *P. chinensis* Wallich.

(3) Cette espèce a été établie d'après un échantillon de l'herbier du Muséum de Paris.

P. glomerata Don. — Habite le Pérou et le Chili. — Syn. :
P. rigida Klotz., *Juniperus rigida* Pav. (1).

P. Totara Don. — Habite la Nouvelle-Zélande. — Syn. :
P. pungens Hort., *P. spinulosa* Hort., *Dacrydium spinulo-
sum* Hort. (2).

P. Lamberti Klotz. — Habite le Brésil.

P. taxifolia Humb. et Bonp. — Habite le Pérou. — Syn. :
P. montana Lodd., *Torreya Humboldtii* Knight, *Dacrydium
distichum* Don.

Deuxième section. — PRUMNOPITYS.

Cette section contient deux espèces : *Podocarpus andina* (3),
du Chili, et *P. ferruginea*, de la Nouvelle-Zélande (4).

Les caractères anatomiques propres aux plantes de la troisième section sont : le manque d'hypoderme, l'ondulation (fig. 8,
pl. 6) des faces verticales de l'épiderme supérieur des feuilles,
et le manque de tissu de transfusion.

Le *Podocarpus andina* se différencie anatomiquement du
Podocarpus ferruginea; le premier a six files de stomates par
bandelette, tandis que le second en compte treize.

Troisième section. — POLYPODIOPSIS.

La section des *Polypodiopsis* ne contient qu'une seule espèce.
le *Podocarpus vitiensis*, des îles Viti (5).

(1) Les *P. andoyima* Lindley et ses synonymes, *P. oleifolia* Don, ne diffère pas
anatomiquement du *P. glomerata*.

(2) *P. alpina* R. Br. est identique anatomiquement avec le *P. Totara* Don.

(3) *Podocarpus andina* Poepp. est synonyme de *Pramnopitys elegans* Philippi.

(4) *P. ferruginea* Don est synonyme de *P. taxifolia* Hort.

(5) *P. vitiensis* A. Brongn. a pour synonymes : *Polypodiopsis Muelleri* Carr., et
Torreya bogotensis Linden.

M. Carrière, dans son *Traité général des Conifères*, a attribué bien à tort à son
Polypodiopsis Muelleri des feuilles composées.

Chez le *Podocarpus vitiensis*, la structure anatomique de la feuille est très-différente de celle de toutes les autres espèces de *Podocarpus*. En effet, le tissu réticulé est en contact avec une mince lame de tissu de transfusion ; il y a une glande sous la nervure et une glande au milieu du parenchyme de chaque côté de celle-ci. Le tissu fondamental est mal différencié en parenchyme en palissade et en parenchyme rameux. On trouve des stomates sur les deux faces de la feuille.

Parcours des faisceaux. — Chez le *Podocarpus vitiensis*, les feuilles sont opposées deux à deux, et le parcours des faisceaux primaires de la tige est très-différent du parcours des faisceaux des autres *Podocarpus*.

Si $0'$, $1'$, $2'$…. n' désignent les membres d'une première série de faisceaux, $0''$, $1''$, $2''$…. n'' désignant les membres d'une seconde série de faisceaux primaires diamétralement opposés aux faisceaux de même nom de la première série, un faisceau p' donne naissance à sa gauche au faisceau $p'+1'$; p'', qui est diamétralement opposé à p', donne naissance à sa gauche à $p''+1''$; $p'+2$ est sur la verticale qui contient p'' ; et, $p''+2''$ est sur la verticale qui contient p'.

Quatrième section. — NAGEIA.

Les *Podocarpus* de la section des *Nageia* habitent le Japon, la presqu'île de Malacca et les Moluques.

Caractères anatomiques des feuilles de Nageia [1] (fig. 13, 14. 15, 16, pl. 6). — Les feuilles des *Podocarpus* de la section des *Nageia* reçoivent de la tige un seul faisceau primaire qui se divise en plusieurs branches à peu près égales et parallèles entre

(1) Les feuilles des *Podocarpus* de la section des *Nageia* sont larges, elliptiques, aplaties, sessiles et plurinerviées ; à l'exception de *Podocarpus japonica*, les autres *Podocarpus* de la section des *Nageia* ont des stomates sur les deux faces de la feuille.

elles. Sous chaque nervure on trouve une glande résinifère. Le tissu fondamental est bien différencié en parenchyme en palissade et en parenchyme rameux ; de plus, au contact de l'épiderme, on trouve une couche continue de fibres hypodermiques. Dans quelques espèces de cette section on rencontre des fibres pseudo-libériennes dans le voisinage du tissu de transfusion.

L'épiderme est composé de courtes cellules cubiques, dont les parois latérales et profondes sont minces, tandis que les parois externes, très-épaisses, sont criblées de très-petites ponctuations.

On trouve des stomates disposés en files sur les deux faces de la feuille des *Podocarpus* de la section des *Nageia*, le *P. japonica* excepté ; cette dernière espèce n'en présente jamais sur la face supérieure. Les files de stomates ne forment pas de bandelette.

Le parcours des faisceaux primaires de la tige des *Podocarpus* de la quatrième section est le même que celui des faisceaux de la tige des espèces des trois premières.

On peut différencier facilement les espèces des *Podocarpus* de la section des *Nageia* par l'étude des caractères anatomiques de leurs feuilles :

Le *P. Blumei* a des stomates sur les deux faces de la feuille, le parenchyme en palissade contre la face supérieure.

Le *P. latifolia* a des stomates sur les deux faces de la feuille, le parenchyme en palissade contre la face inférieure.

Le *P. japonica* n'a pas de stomates sur la face supérieure ; le parenchyme en palissade est placé contre la face supérieure.

Cinquième section. — DACRYDIUM.

Les *Podocarpus* de la section des *Dacrydium* ont pour caractères anatomiques (1) : l'absence du tissu de transfusion,

---

(1) Les feuilles sont squamiformes, triangulaires, sessiles, très-petites ; leur forme varie notablement avec l'âge et l'époque de l'année où elles se forment. Elles sont élargies à leur base et sont terminées par une pointe très-aiguë.

la non-différenciation du tissu fondamental (fig. 17, 18, 19,
pl. 6), la présence constante d'hypoderme sous l'épiderme,
la présence constante de stomates sur la face supérieure de la
feuille. De même que chez les *Podocarpus* de la section des
Nageia, les stomates sont disposées en files, mais celles-ci ne
sont pas groupées en bandelette ; enfin la forme de la section
transversale, qui est une sorte de losange dont la grande diago-
nale est verticale chez les *Dacrydium*.

Tableau synoptique des caractères anatomiques des espèces du genre Podocarpus,
section des Dacrydium.

Pas de stomates sur la face inférieure......................... *P. laxifolia.*

Stomates sur la face inférieure. — Une très-grosse glande résinifère. — Pas de fibres pseudo-libériennes sous la nervure.................... *P. dacrydioides.*

Des fibres pseudo-libériennes sous la nervure.................... *P. cupressina.*

Une glande résinifère très-petite. Des fibres pseudo-libériennes.......................... *P. elata.*

*Distribution géographique et synonymie des espèces de la sixième section
des* Podocarpus.

P. laxifolia Hook. — Habite le mont Tongariro dans la Nouvelle-Zélande. — Syn. : *Dacrydium laxifolium* Hook. fils.

P. dacrydioides A. Rich. — Habite avec le précédent.
— Syn. : *Dacrydium cupressinum* Solander, *D. Lobbi* Hort.

P. cupressina R. Br. — Habite Java.— Syn. : *P. imbricata*
Blume, *P. Horsfieldii* Wall., *Taxodium Horsfieldii* Knight,
Glyptostrobus Horsfieldii Hort., *Thalamia cupressina* Spreng.

P. elata R. Br. — Habite Sumatra. — Syn. : *Dacrydium
elatum* Wall., *Lycopodium arboreum* Jung., *Juniperus Phi-
lippsiana* Wall.

Tableau synoptique résumant les caractères anatomiques qui différencient entre elles les sections du genre Podocarpus.

Une nervure; une seule glande résinifère sous la nervure
- Du tissu de transfusion; en général, stomates sur une seule face .... PODOCARPUS.
- Pas de tissu de transfusion.
  - De l'hypoderme; les parois verticales des cellules épidermiques ne sont pas ondulées.
    - Stomates sur les deux faces; feuille tétragone. DACRYDIUM.
  - Pas d'hypoderme; les parois verticales des cellules épidermiques ondulées; stomates sur une seule face; feuille aplatie. PRUMNOPITYS.

Une nervure; trois glandes résinifères, dont une seule sous la nervure; stomates sur les deux faces de la feuille; feuille aplatie.. POLYPODIOPSIS.

Plusieurs nervures; sous chaque nervure une glande résinifère; en général, des stomates sur les deux faces de la feuille.......... NAGEIA.

I. E. 6 *bis*. SAXE-GOTHEA.

Le genre *Saxe-Gothea* ne contient qu'une espèce, *S. conspicua* Lindl., qui ne diffère anatomiquement des *Podocarpus* (*Eupodocarpus*) que par la petite quantité de tissu réticulé qui se trouve près de la nervure.

GÉNÉRALITÉS SUR LES GENRES *PICEA, LARIX, CEDRUS, ABIES, PINUS.*

Le genre *Picea* comprend trois sous-genres : les *Picea*, les *Tsuga*, les *Pseudotsuga*. Le genre *Pinus* comprend sept sections : les *Cembra*, les *Strobus*, les *Pseudostrobus*, les *Tœda*, les *Pinea*, les *Pinaster*, les *Monophylla*.

Historique. — M. H. R. Göppert (1) publie, en 1841, ses observations sur la structure des fibres ligneuses des *Abies* et des *Pinus*. En 1852, le professeur Th. Hartig (2) donne quelques figures des fibres ligneuses des *Pinus* européens, mais aucune description n'est jointe à ces figures. M. Dippel (3), en

(1) *De struct.* (*loc. cit.*).
(2) *Vollst. culturpfl.* (*loc. cit.*).
(3) *Bau d. Markscheide* (*loc. cit.*). Ce travail a été repris cette année par M. E. de la Rue, de Charkow (*Bot. Zeit.*, 1873).

1862, fait connaître les vaisseaux rayés étroits qui existent chez les Abiétinées et chez les Pinées, entre les trachées et les fibres ligneuses. Enfin, en 1872. M. J. Schröder, à Dresde (1), M. Wiesner, à Wien (2), étudient les dimensions des fibres ligneuses des Abiétinées que l'on rencontre le plus souvent parmi les bois flottés. Cette même année, M. Carl. Sanio (3) commence un travail sur le *Pinus silvestris*, et dans ce mémoire il étudie avec grand soin les variations des dimensions des éléments du bois dans cette plante.

Le liber des Abiétinées et des Pinées n'a été que peu étudié ; en effet, les seules données que nous possédions aujourd'hui sur ce sujet se réduisent à :

1° Quelques figures non expliquées, données en 1852 par le professeur Th. Hartig ; 2° quelques mots et une figure schématique du très-jeune liber secondaire de *Pinus Strobus*, donnée par H. von Mohl en 1855. 3° H. Schacht, dans son travail sur la structure de la tige de l'*Araucaria brasiliensis*, compare la structure du jeune liber secondaire de cette plante à la structure de ce même tissu chez quelques Abiétinées (*Abies*, *Larix* et *Pinus Strobus*), et figure dans son *Der Baum* les cellules grillagées du *Larix europaea* (4).

Le docteur Fr. Thomas a dit quelques mots de la forme des cellules épidermiques des feuilles des Abiétinées et des Pinées ; il renvoie le lecteur au travail de M. F. Hildebrand pour la structure des stomates d'*Abies* et de *Pinus*.

(1) *Loc. cit.*
(2) *Loc. cit.*
(3) *Ueber die grösse (loc. cit.).*
(4) *Loc. cit.* (*a*).

(*a*) Il vient de paraître, il y a quelques jours, un travail de M. C. Sanio sur la structure secondaire du jeune liber de *Pinus silvestris*. M. Sanio traite de la formation des glandes résinifères du bois secondaire, et d'une substance particulière qui serait interposée à la manière d'une matière intercellulaire entre les cellules libériennes ; ce n'est autre chose que la *matière intermédiaire* dont j'ai déjà parlé à propos des Taxinées. Dans ce mémoire, M. Sanio insiste surtout sur la non-perforation des ponctuations aréolées des parois latérales des fibres ligneuses à l'état normal. (Pringsh., *Jahrb.*. Bd. IX. Heft 1.)

H. Schacht (1), en 1860, avait donné les schémas des coupes transversales des feuilles d'*Abies*, de *Picea*, de *Larix* et de *Pinus*. Bien avant lui, en 1852, M. Th. Hartig (2) avait de même donné quelques-uns de ces schémas; mais, ni l'un ni l'autre de ces deux observateurs ne tira de conclusions de la comparaison de ces figures entre elles.

H. von Mohl, en 1871 (3), s'occupe incidemment du tissu aréolé de la nervure des Abiétinées.

M. J. Sachs (4), dans son Traité général de botanique, parle des stomates des feuilles de Pin, des épaississements de certaines cellules de l'épiderme (principalement les cellules des bords de la feuille), des glandes résinifères des feuilles, et des plissements singuliers de la plupart des cellules du parenchyme de ces organes.

Les glandes résinifères que l'on rencontre dans le bois de la plupart des Abiétinées et des Pinées ont été signalées par M. Göppert (5), Th. Hartig (6), H. Schacht (7), M. Dippel (8), M. N. S. C. Müller (9) et M. Van Tieghem (10). M. Dippel est le seul observateur qui se soit appesanti quelque peu sur le mode de formation de ces glandes chez l'*Abies pectinata*.

Les glandes résinifères de l'écorce primaire ont été étudiées par M. Van Tieghem.

Les glandes de la feuille ont été étudiées par M. Fr. Thomas et par M. J. Sachs.

A. Henry, en 1847, expose la phyllotaxie du *Picea alba* et du *Larix europæa* (11). En 1848, M. Lestiboudois étudie le parcours

(1) *Loc. cit.*

(2) *Loc. cit.*

(3) *Morphol. der Blattes Sciadopitys (loc. cit.).*

(4) *Lehrbuch (loc. cit.).*

(5) *Loc. cit.*

(6) *Loc. cit.*

(7) *Loc. cit.*

(8) *Bot. Zeit.*, 1863.

(9) N. J. C. Müller, *Untersuchungen über d. Vertheilung d. Harze (Jahrb.*, Bd. V. Heft 3. 4).

(10) *Loc. cit.*

(11) A. Henry, *Beitr. zur Kenntn. d. Laubknospen*, 1847.

des faisceaux primaires de l'*Abies balsamea* (1). M. Nägeli, en
1858, donne le parcours des faisceaux primaires de la tige
du *Pinus silvestris*. Enfin, M. Th. Geyler, en 1867, examine le
parcours des faisceaux primaires de la tige de la plupart des
Abiétinées et de quelques Pinées (2).

La distribution géographique des Abiétinées et des Pinées n'a
jamais été l'objet d'un travail spécial. G. Zuccarini, en 1843,
dit quelques mots de la distribution géographique de quelques-
unes de ces plantes. Schouw, en 1845, parle de la distribution
géographique des Pinées d'Europe (3). Le professeur Hartig, en
1852, traite incidemment le même sujet (4). M. Beinling, en
1858, est le seul auteur qui se soit occupé de la distribution des
genres et des espèces des Abiétinées et des Pinées (5). Si l'on
joint à ces travaux une note du docteur Christ sur le *Pinus brutia*,
nous aurons tout ce qui a été fait jusqu'à ce jour sur ce sujet (6).
Il convient d'ajouter que dans les traités spéciaux sur les Conifères, on trouve toujours, à côté de chaque plante, les localités
qu'elle habite ; mais jamais dans ces livres, pas plus que dans les
traités de géographie botanique, il n'est fait de rapprochement
entre les affinités organiques des espèces et leur distribution
géographique.

Structure de la tige. — *Faisceaux.* — Chaque faisceau
primaire de la tige se compose de trachées, de quelques tubes
grêles, à ponctuations simples, étroites, qui parfois rappellent
les stries scalariformes ; de fibres ligneuses dont les parois
radiales sont couvertes de ponctuations aréolées, *ouvertes seulement dans les tiges très-âgées.* Le parenchyme ligneux n'est représenté que par quelques cellules chez les Abiétinées proprement

(1) Th. Lestiboudois, *Ann. des sc. nat.*, 3e série, 1848, t. X.
(2) *Loc. cit.*
(3) Schouw, *les Conifères d'Italie* (*Ann. des sc. nat.*, 3e série, II).
(4) *Loc. cit.*
(5) *Loc. cit.*
(6) *Beitr. zur Kenntniss südeuropäischer Pinusarten* (*Flora.* 1863, no 24), par le
docteur Christ, de Basel.

dites (*Abies*, *Picea*, *Cedrus*, *Larix*); au contraire, dans les *Pinus*, on en rencontre toujours une assez grande quantité. De plus, on trouve une glande résinifère dans le bois primaire de chacun des jeunes faisceaux des *Pinus*, excepté, toutefois, chez les espèces de la section des *Strobus*, tandis que chez les Abiétinées jamais on ne trouve de glandes dans cette région du faisceau (fig. 1, 2, pl. 7). Je reviendrai dans la suite sur la structure et le mode de formation de ces glandes.

Le bois secondaire est formé de fibres ligneuses dont les parois radiales sont couvertes de ponctuations aréolées ; *ces ponctuations ne sont perforées réellement que lorsque les fibres ligneuses sont déjà très-âgées*. Les fibres formées au printemps ont des parois minces ; celles qui sont produites à la fin de l'année ont des parois plus épaisses ; très-souvent, on rencontre au milieu de ces éléments quelques cellules de parenchyme ligneux, et tandis que chez les *Tsuga* jamais on ne rencontre de glandes dans le bois secondaire de la tige, chez les *Pseudo-tsuga*, les *Picea* proprement dits, les *Abies*, les *Larix*, les *Cedrus*, les *Pinus*, on en trouve presque toujours. Toutefois, à l'exception du dernier genre, les glandes résinifères du bois secondaire de ces plantes peuvent manquer (1).

Dans un faisceau primaire encore très-jeune, on trouve, après le bois secondaire, une zone cambiale, un peu de liber secondaire et du liber primaire: ce dernier tissu est composé de cellules lisses, allongées, à parois minces. Le liber secondaire jeune se compose de cellules parenchymateuses et de fibres lisses qui représentent morphologiquement les cellules grillagées.

Un peu plus tard, nous voyons que des cellules cambiales, les unes, en se cloisonnant horizontalement, donnent du parenchyme libérien, les autres se couvrent de ponctuations grilla-

(1, M. Dippel, dans son mémoire sur les glandes résinifères du bois secondaire de la tige d'*Abies pectinata*, reproche très-amèrement à Mohl et à Schacht d'avoir nié l'existence de ces organes ; chacun de ces auteurs avait raison de son côté. En effet, on rencontre le plus souvent des glandes dans le bois secondaire des tiges âgées d'*Abies pectinata*, mais dans beaucoup de cas aussi il n'y a pas de trace de ces organes. (*Bot. Zeit.*, 1863.)

gées. En général, il se produit plusieurs couches de cellules grillagées entre deux couches successives de parenchyme libérien, mais le nombre de ces couches varie beaucoup d'une place à l'autre ; il n'y a jamais, dans les genres dont nous nous occupons en ce moment, de fibres libériennes épaissies.

Par suite du développement des cellules du parenchyme libérien, cela a lieu de très-bonne heure chez les *Pinus* ; cela ne se produit que très-tard ou même jamais chez les Abiétinées proprement dites (fig. 5. pl. 7) : les cellules grillagées sont comprimées fortement, et cessent bientôt de vivre ; bien plus, les parois transversales des cellules se soudent, et il ne reste bientôt plus trace des éléments grillagés.

Très-souvent, surtout chez les *Abies* et les *Cedrus*, certaines cellules du parenchyme libérien se sclérifient ; plusieurs de ces éléments se soudent entre eux, et forment ainsi un noyau dur résistant, brunâtre. — D'autres fois il se dépose *dans* les cellules de gros cristaux d'oxalate de chaux (fig. 5, pl. 7) (1).

Dans les genres *Pinus* et *Larix* on voit souvent se former des glandes résinifères au milieu du liber secondaire. Chez le *Larix*, par exemple, nous voyons plusieurs cellules voisines se gonfler et amincir leurs parois ; puis les membranes communes se dédoublent et la glande est formée ; les cellules glandulaires sécrètent de la résine. Ce mode de formation des glandes résinifères n'est autre que celui que j'ai déjà exposé en parlant de ces organes dans la racine de *Welwitschia* (2). Toutefois nous rencontrons souvent chez les *Pinus* un autre mode de formation des glandes résinifères (fig. 3, 4, pl. 7). Certaines cellules cambiales, au lieu de se transformer, soit en fibres ligneuses, soit en éléments libériens (parenchyme ou cellules grillagées), conservent leurs parois minces, se cloisonnent horizontalement, radialement et tangentiellement, de sorte que la région de la zone

---

(1) Les cristaux d'oxalate de chaux se trouvent dans l'intérieur même des cellules chez les *Abies*, *Picea*, *Larix*, *Cedrus* et *Pinus* : ce caractère permet de différencier facilement le liber de ces plantes de celui des autres Conifères. Ces cristaux se forment plusieurs à la fois dans les cellules du parenchyme libérien.

(2) La formation des glandes résinifères du bois secondaire de la tige d'*Abies pectinata* se fait de la même manière. (Voyez Dippel.)

cambiale qui traverse un pareil système produit des éléments semblables à ceux que je viens de décrire, puis toutes ces cellules sécrètent de la résine. Les éléments ligneux ou libériens qui entourent cette région prennent leurs caractères normaux, et bientôt il semble que l'on ait affaire à deux glandes distinctes, l'une libérienne, l'autre ligneuse, communiquant entre elles par une lame verticale de tissu glandulaire : en général, cette lame verticale coïncide avec un rayon médullaire secondaire. Ce phénomène s'observe très-nettement chez les *Pinus Strobus*, *P. Cembra*, *P. Pseudostrobus*, *P. Pinea*. Plusieurs espèces de la section des *Pinaster* ne le présentent pas (*P. Pinaster*, *P. Laricio*, *P. pyrenaica*) (1).

Tissu fondamental et système tégumentaire. — La moelle jeune se compose toujours de cellules arrondies ou polyédriques, à parois minces, lisses. Les cellules voisines des faisceaux sont plus petites que les cellules du centre. A un âge plus avancé, les parois des cellules de la moelle s'épaississent un peu, se couvrent de ponctuations simples très-petites. Chez les *Picea* proprement dits et les *Cedrus* (2), très-souvent certaines cellules de la moelle se sclérifient et forment des sortes de cloisons solides qui divisent en plusieurs parties le cylindre médullaire. Jamais il n'y a de glande résinifère dans la moelle.

Les rayons médullaires secondaires se composent de cellules presque cubiques, à parois épaisses dans leur partie ligneuse, à parois minces dans la région libérienne. Ces cellules des rayons médullaires, en se déformant, prennent tout à fait l'aspect de cellules du parenchyme libérien, surtout chez les *Pinus*. Souvent, dans ces plantes, les rayons médullaires secon-

(1) Voyez la formation des glandes résinifères du liber secondaire des Cupressinées.

(2) On trouve des sclérites semblables dans l'écorce primaire des plantes malades ou végétant mal. Elles ont été signalées par M. Otto Buch, *Ueber Sklerenschymzellen*, Breslau, 1870, in-8 (a).

(a) Voy. aussi H. Schacht, *Lehrbuch*, Berlin, 1856. — Jos. Böhm, *Sind die Bastfasern Zellen oder Zellfusionen ?* (*Sits. d. k. Akad. d. Wissensch.* Bd. III).

daires ne sont que des nappes verticales de tissu glandulaire qui réunissent deux glandes résinifères situées, l'une dans le bois secondaire, l'autre dans le liber secondaire d'un même faisceau. Cette nappe verticale de tissu glandulaire présente un point d'accroissement intercalaire dans la zone cambiale secondaire.

L'écorce primaire se compose d'une couche plus ou moins épaisse de parenchyme, dont les cellules arrondies, à parois minces, sont gorgées de chlorophylle. Tantôt, comme chez les *Tsuga*, les *Pseudotsuga*, les *Abies* et les *Pinus*, il ne se forme pas d'hypoderme; tantôt, au contraire, comme chez les *Picea* proprement dits, les *Cedrus*, les *Larix*, la couche du parenchyme herbacé qui se trouve en contact avec l'épiderme se transforme en hypoderme. Chez les *Tsuga*, il n'y a pas de glandes résinifères dans l'écorce primaire; dans les autres Abiétinées, au contraire, il y en a toujours dans cette partie de la tige. Ces glandes ne communiquent jamais avec celles des feuilles, chez les *Pseudotsuga*, les *Picea* proprement dits, les *Abies*, les *Cedrus* et les *Larix*; tandis que chez les *Pinus*, les feuilles fasciculées ont leurs glandes résinifères qui ne sont que les terminaisons des glandes du parenchyme herbacé de la tige. Dans les Pinées, de même que chez les Abiétinées proprement dites, les feuilles simples ont des glandes résinifères qui ne communiquent pas avec celles de la tige.

Le système tégumentaire est formé d'une seule couche de cellules épidermiques, lisses chez les *Pinus*, les *Abies*, les *Picea* proprement dits, très-souvent prolongées en forme de poils chez les *Tsuga*, *Pseudotsuga*, *Cedrus* et *Larix*.

Décortication et subérification. — Suivant les genres et même suivant les sections de chaque genre, nous trouvons quelques différences dans les phénomènes de subérification et de décortication des tiges. Dans les *Tsuga* et les *Pinus*, nous voyons se former une lame de phellogène entre le parenchyme herbacé et l'épiderme; cette lame de phellogène engendre une lame de liége primaire et la tige est entourée d'une couche de périderme.

Chez les *Picea* proprement dits, les *Cèdres*, les *Larix*, la première lame de phellogène qui se forme apparaît entre l'hypoderme et le parenchyme herbacé.

Cependant, dans les *Pinus*. les *Cedrus*, les *Larix*, les *Picea* et les *Tsuga*, le mode de formation du liége secondaire et les rapports de ce tissu avec les tissus voisins sont les mêmes : en effet, des arcs de phellogène apparaissent dans le liber secondaire ; ils détachent des lentilles de rhytidome, qui restent fixées à la tige pendant un temps souvent très-long.

Dans les *Pseudotsuga* et dans les *Abies*, nous observons quelque chose d'analogue à ce que nous avons vu en étudiant l'écorce de la racine de *Welwitschia*. Sous l'épiderme, nous voyons apparaître une lame de phellogène qui, se divisant tangentiellement en avant et en arrière, engendre, d'une part une épaisse lame de liége, d'autre part du suber herbacé ; toutefois la première lame de phellogène n'engendre qu'une très-petite couche de suber herbacé. Des arcs de phellogène secondaire se produisent et détachent des lentilles du tissu fondamental ; mais en se divisant tangentiellement en avant et en arrière comme la première lame de phellogène, ils engendrent une seconde écorce primaire et du liége secondaire. Bientôt quelques-unes des cellules de cette seconde écorce primaire se sclérifient, en même temps il se forme des glandes résinifères dans ce tissu (1).

1er cas. — Abiétinées proprement dites.

Structure des feuilles. — Chaque feuille reçoit un seul faisceau primaire qui reste tantôt indivis, comme chez les *Tsuga*, les *Pseudotsuga*, les *Larix*, tantôt divisé en deux, comme chez les *Abies*. Chez les vrais *Picea* ainsi que dans les *Cedrus*, nous avons une disposition intermédiaire entre les deux formes précédentes, car le rayon médullaire médian est souvent assez considérable pour faire admettre l'existence de deux branches

---

1) Ces glandes se forment comme celles du tissu fondamental de la racine de *Welwitschia*.

bien séparées d'un même faisceau; parfois, au contraire, le faisceau est indivis.

Chaque faisceau présente la même structure que les jeunes faisceaux primaires de la tige.

Il est entouré d'une gaîne de courtes cellules cubiques, dont les parois sont lisses et généralement assez épaisses. Vers la base de la feuille, cette gaîne disparaît. Entre sa gaîne et le faisceau, nous trouvons une masse de cellules courtes, cubiques, dont les parois sont couvertes de *ponctuations aréolées*, d'où le nom de *tissu aréolé* que l'on donne souvent à ce tissu. Le tissu aréolé n'est qu'une forme particulière du *tissu réticulé* des *Podocarpus* et des *Taxus*, et non pas, comme l'a donné à entendre Hugo von Mohl, une forme du *tissu de transfusion* des *Podocarpus* (1).

Le tissu fondamental est nettement différencié en parenchyme en palissade et en parenchyme rameux chez les *Tsuga*, les *Pseudotsuga*, ainsi que dans les *Picea*, tels que *P. ajanensis*, les *Abies*, les feuilles des longues pousses du *Cedrus Deodara* et des *Larix*. Dans la majorité des *Picea* proprement dits et des *Cedrus*, les cellules du tissu fondamental forment des sortes de colonnes qui s'appuient, d'une part sur la gaîne, d'autre part contre l'hypoderme; par suite, ce tissu n'est pas différencié en parenchyme en palissade et en parenchyme rameux.

Suivant les espèces et suivant les genres, on trouve des variations dans le développement de la couche hypodermique des feuilles.

L'épiderme est toujours formé d'une seule couche de cellules épidermiques.

Les glandes résinifères sont nettement indiquées dès le point de végétation.

____

(1) *Bot. Zeit.*, 1871, nᵒˢ 1 et 2.

2e cas. — *Pinées.*

I. *Feuilles simples.* — Chaque feuille simple reçoit un seul faisceau primaire qui reste toujours indivis dans son parcours à travers le limbe. La structure des faisceaux des feuilles simples est la même que celle des faisceaux des feuilles des *Abies* et des genres voisins. Le parenchyme fondamental est mal différencié ; sa couche sous-épidermique n'est transformée en hypoderme que dans les feuilles écailleuses d'une certaine épaisseur. L'épiderme est formé d'une seule couche de cellules épidermiques courtes, cubiques, lisses, dont les couches cuticulaires sont extrêmement développées. Dans les feuilles écailleuses, la cuticule et les couches cuticulaires des cellules de l'épiderme extérieur ont plusieurs dixièmes de millimètre d'épaisseur (fig. 1, pl. 9).

Nous trouvons toujours deux glandes résinifères closes qui ne communiquent pas avec celles du parenchyme herbacé de la tige, de chaque côté de la nervure, sur les bords de la feuille, et collées à la face inférieure de la feuille (1).

II. *Feuilles fasciculées.* — *a.* Dans les *Pinus* des sections *Strobus*, *Cembra*, chaque feuille ne reçoit qu'un seul faisceau primaire qui reste indivis. La structure de ces faisceaux est la même

---

(1) Dans le jeune âge, les rameaux des Pinées ne portent que des feuilles solitaires. Ces feuilles sont sessiles, minces ; leurs bords sont couverts de petites dents très-fines qui toutes regardent le sommet de la feuille. Ces feuilles simples des Pinées ont la plus grande ressemblance avec les feuilles du *Cunninghamia sinensis*. A un âge avancé, les pousses terminales portent encore des feuilles solitaires, mais elles sont écailleuses. Dans l'aisselle de chacune d'elles apparaît un rameau qui restera très-court. Les premières feuilles de ces rameaux sont solitaires, écailleuses, sèches, et forment une *gaine* à la partie inférieure du rameau. Les dernières feuilles du rameau seules se développent au nombre de 2, 3 ou 5. Lorsqu'il y a plus de deux feuilles dans une gaine, les feuilles sont triangulaires, et toujours il y a des stomates sur les faces de l'angle supérieur de la feuille. Lorsqu'il n'y a que deux feuilles, la forme de leur section transversale rappelle celle du pétiole du *Salisburia*. Toujours il y a des stomates sur les deux faces de la feuille. Les stomates sont disposés en files, mais ces files ne sont jamais groupées en bandelette chez les Pinées. On donne en général le nom de *feuilles fasciculées* à ces feuilles terminales des courtes pousses ; on les désigne quelquefois aussi sous le nom de *feuilles engainées.*

que celle des jeunes faisceaux primaires de la tige, à cela près pourtant qu'on ne trouve pas de glandes résinifères dans le bois primaire de ces faisceaux. Chaque faisceau est entouré d'une certaine quantité de tissu aréolé qui disparaît vers la base de la feuille. Autour du tissu aréolé règne une gaîne bien caractérisée de cellules cubiques, courtes, souvent épaissies d'un seul côté (celui qui touche le parenchyme). Le parenchyme est formé de cellules volumineuses, dont la membrane forme de grands replis qui s'avancent dans l'intérieur de la cellule, et donnent à ce tissu un aspect particulier (fig. 2, pl. 9). Ce parenchyme fondamental n'est pas différencié en parenchyme en palissade et en parenchyme rameux. Les couches du parenchyme fondamental qui sont sous l'épiderme, sont très-étroites, très-allongées. Le plus souvent celles de ces cellules qui sont en contact avec l'épiderme n'épaississent pas leurs parois, tandis que les cellules situées plus profondément prennent l'aspect de fibres hypodermiques épaissies. On observe quelques différences dans le développement des cellules hypodermiques des diverses espèces; l'épiderme se compose de cellules courtes, rarement allongées à la manière des cellules épidermiques des *Torreya*, dont les parois sont tellement épaisses, que la cavité de la plupart de ces cellules a complétement disparu; la cuticule et les couches cuticulaires sont extrêmement développées.

Chez les *Strobus* et les *Cembra*, on trouve toujours trois glandes résinifères dans le parenchyme fondamental des feuilles fasciculées. Ces trois glandes sont presque marginales; elles sont placées chacune à l'un des angles de la feuille, qui est triangulaire. Ces glandes sont accolées à l'hypoderme; souvent même elles sont complétement entourées de fibres hypodermiques (fig. 9, 10, pl. 9).

b. Dans les *Pinus* de la section des *Pseudostrobus*, chaque feuille reçoit un seul faisceau primaire qui reste indivis, mais les glandes résinifères de la feuille sont accolées à la gaîne.

c. Dans les *Pinus* des sections *Tœda*, *Pinea*, chaque feuille reçoit encore un seul faisceau primaire, mais celui-ci se divise en deux groupes bien séparés ; toutefois il n'y a qu'une seule gaîne pour les deux groupes (fig. 3, pl. 9). La structure de ces faisceaux primaires est la même que celle des faisceaux primaires de la tige, moins toutefois les glandes résinifères.

III. *Aiguille du* Pinus monophylla. — Ainsi que son nom l'indique, le *Pinus monophylla* n'a qu'une seule feuille dans chacune de ses gaînes foliaires (1).

Chacune des aiguilles vertes de *Pinus monophylla* se compose d'un système de faisceaux primaires réunis en un large faisceau dont les trachées sont tournées vers l'axe de la tige.

La structure de ces faisceaux primaires ne diffère de la structure des faisceaux de la tige que par l'absence de glande résinifère dans le bois primaire. Autour de ce faisceau se trouve une masse considérable de tissu aréolé ; une gaîne protectrice entoure ce tissu. Cette gaîne disparaît vers le bas de la feuille ; en même temps le tissu aréolé perd ses caractères, et se confond avec le parenchyme fondamental (fig. 5, pl. 9 .

Le parenchyme fondamental est composé de cellules volumineuses, dont les membranes offrent de larges plissements caractéristiques. Vers la base de la feuille, ce parenchyme perd ses caractères. Le parenchyme fondamental n'est pas différencié en parenchyme en palissade et en parenchyme rameux. Les cellules du parenchyme fondamental, voisines de l'épiderme, se transforment en fibres hypodermiques ; celles qui sont sous l'épiderme ont toujours leurs parois minces (2).

---

(1) Dans le *P. monophylla* on trouve à l'aisselle d'une feuille simple, écailleuse, née sur un axe primaire, un très-court rameau dont les feuilles inférieures sont petites, écailleuses, minces, membraneuses ; il se renfle un peu, forme l'*apophyse*, et porte dans la plante qui nous occupe une longue aiguille cylindrique qui se termine par une pointe très-aiguë. Dans les autres *Pinus*, au contraire, sur l'apophyse il y a de 2 à 5 feuilles. Quelle est donc la nature morphologique de l'aiguille de *Pinus monophylla* ?

(2) On trouve deux glandes résinifères dans le parenchyme au-dessous du faisceau central ; à droite et à gauche de ce faisceau, elles sont accolées à l'hypoderme, elles sont entourées de fibres sous-épidermiques, et pénètrent dans le parenchyme herbacé de la tige.

L'épiderme est composé de cellules allongées comme chez les *Torreya*, et de cellules cubiques, courtes, dans les régions où se trouvent les stomates.

Les feuilles de tous les *Pinus* ont les stomates disposés en files parallèles à la nervure; ces files ne sont jamais groupées en bandelette. Chaque stomate se compose de deux cellules réniformes, encastrées à la face inférieure de quatre cellules épidermiques; celles-ci sont enfoncées sous un certain nombre d'autres cellules épidermiques. Ces dernières ont une cuticule, et des couches cuticulaires excessivement épaisses sur les bords de l'antichambre.

Parcours des faisceaux. — La spirale, qui passe par les points d'insertion de toutes les feuilles, a comme cycle, chez les Abiétinées et chez les Pinées, 5/13, 8/21, 13/34 ou 21/55, et, de plus, il y a toujours *hétérodromie* entre deux rameaux successifs. Très-souvent le cycle change quand on passe d'un rameau à l'autre; c'est ainsi que, dans le *Picea ajanensis* par exemple, on passe du cycle 5/13 au cycle 21/55, et *vice versâ*.

Le parcours des faisceaux chez les Abiétinées est le même chez les *Taxus*. La longueur des faisceaux est la seule différence.

Chez les *Abies*, les *Picea*, tous les rameaux d'une même année ont à peu près la même longueur; ces plantes n'ont que des pousses longues. L'arrangement des feuilles sur ces rameaux est en général 5/13 chez les *Tsuga*, 13/34 chez les *Abies*, les *Picea* et les *Pseudotsuga*.

Les *Cedrus* et les *Larix* offrent des rameaux de deux sortes: les pousses terminales, longues, sur lesquelles les feuilles, largement espacées, sont arrangées dans l'ordre 5/13 ou 8/21, et les pousses latérales, nées dans l'aisselle des feuilles des pousses terminales. Ces pousses latérales restent courtes, du moins pendant les premières années; les feuilles nombreuses, très-serrées sur ces dernières pousses, ont pour cycle 21/55 ou 13/34.

Chez les *Pinus*, les longues pousses terminales portent des feuilles simples. dont le cycle est 13/34 ; dans l'aisselle de chacune de ces feuilles apparaissent de courtes pousses sur lesquelles les feuilles sont disposées suivant l'ordre spiral 5/13.

II. — A. 7. — PICEA Link.

Le genre *Picea* peut se subdiviser en trois sous-genres. qui présentent entre eux des différences anatomiques assez notables :

1° Les *Picea*.
2° Les *Pseudotsuga*.
3° Les *Tsuga*.

Premier sous-genre. — PICEA.

Syn. : ABIES Loudon ; ABIES sect. PICEA Spach ; PINUS sect. PICEA Endl.

Distribution géographique. — Les espèces du genre *Picea* habitent la région de l'hémisphère nord comprise entre le 40° et le 65° degré de latitude.

Caractères anatomiques des feuilles du Picea (1. — Suivant les espèces, le faisceau primaire unique qui constitue la nervure est indivis, ou au contraire divisé en deux branches : ce dernier cas est de beaucoup le moins fréquent. Le tissu fondamental de la feuille n'est pas différencié en parenchyme en palissade et en parenchyme rameux ; presque toujours les cellules du tissu fondamental en contact avec l'épiderme se transforment en fibres hypodermiques. En général, on trouve deux glandes résinifères dans chaque feuille, une à droite, une à gauche de

---

(1) Les feuilles des *Picea* sont persistantes, tétragones, sessiles : elles reposent sur de volumineux coussinets (pl. 7, fig. 12) ; elles ne portent pas de bandelette sur leur face inférieure, et sont toujours mucronées. Tous les rameaux des *Picea* se développent de la même manière. Les feuilles des *Picea*, comme celles des *Cedrus* et des *Larix*, ne sont pas couchées sur les rameaux.

la nervure; elles sont accolées à l'épiderme de la face inférieure. Les stomates, disposés en files, se trouvent sur les deux
faces de la feuille, et, à l'exception du *P. ajanensis*, dont la
face inférieure de la feuille en est absolument dépourvue, les
stomates forment quatre groupes, dont deux à la face supérieure de la feuille, et deux à la face inférieure ; ils sont toujours beaucoup plus nombreux sur la face supérieure que sur
l'inférieure.

L'épiderme est formé d'une seule couche de cellules épidermiques, dont la structure est la même que celle des cellules épidermiques des *Abies* (1).

Structure des écailles (pl. 8, fig. 19). — L'écaille se compose
d'une couche de cellules épidermiques. Les cellules de l'épiderme externe ont leurs parois externes extrêmement épaissies,
canaliculées. La cuticule et les couches cuticulaires de ces cellules sont excessivement développées. Les cellules épidermiques
de la face interne sont petites et leurs parois sont minces. Sous
l'épiderme, nous trouvons çà et là quelques fibres hypodermiques et une masse de parenchyme non différencié. Ce parenchyme présente deux glandes résinifères placées à droite et à
gauche de la ligne médiane. Très-rarement on trouve dans ce
parenchyme un faisceau extrêmement grêle.

Tableau synoptique des caractères anatomiques des espèces du genre Picea
(sous-genre Picea).

Feuilles aplaties.	Pas de stomates sur la face inférieure de la feuille, deux glandes résinifères......................		P. ajanensis.
	Des stomates sur la face inférieure de la feuille, souvent pas de glande......................		P. sitchensis.
Feuilles tetragones.	Sans glande résinifère.	4 files à la face supérieure ; 2 files à la face inférieure......................	P. nigra.
		10 files à la face supérieure ; 6 files à la face inférieure......................	P. alba.
	Une seule glande développée......................		P. excelsa.
	Deux glandes résinifères.	8 files à la face supérieure ; 6 files à la face inférieure ; feuilles longues, étroites....	P. Khutrou.
		12 files à la face supérieure ; 10 files à la face inférieure ; feuilles courtes, larges.....	P. polita.

(1) Lorsque la feuille est adulte, on voit se former à sa base une couche de cellules

Synonymie et distribution géographique des Picea.

P. ajanensis. — Ile Vancouver.

P. sitchensis Carr. — Californie. — Syn. : *P. Menziesii*
Carr., *Pinus Menziesii* Dougl., *Abies Menziesii* Loud.

P. nigra (1) Link. — Canada. — Syn. : *Abies Mariana*
Mill., *A. denticulata* Poir., *A. nigra* Mich., *Pinus nigra* Ait.,
P. Mariana Du Roi.

P. alba Link. — Pensylvanie. — Syn. : *Abies alba* Mich.,
Abies canadensis Mill., *Pinus canadensis* Du Roi. *P. laxa*
Ehren., *P. alba* Ait., *P. glauca* Mœnch., *P. tetragona* Mœnch.

P. excelsa (2) L. — Europe centrale. — Syn. : *Pinus Abies*
Linné. *P. Picea* Du Roi. *P. excelsa* Lam., *P. cinerea* Rœl.,
Abies Picea Mill., *A. excelsa* DC., *A. gigantea* Smith.

P. Khutrow Carr. — Himalaya. — Syn. : *Picea Morinda* L.,
Abies Khutrow Loud., *A. pendula* Griff., *A. Morinda* Neison.
Pinus Smithiana Lamb., *P. Khutrow* Royle.

P. polita Carr. — Japon. — Syn. : *Abies polita* S. Z.,
P. Abies Thunb., *P. polita* Ant.

Deuxième sous-genre. — PSEUDOTSUGA.

Syn. : Abies (auctor.) : *Picea* Carrière (1857 ; KETELEERIA Carr. (1867).

Distribution géographique. — Les *Pseudotsuga* habitent la
Chine, le Tibet, le Japon et la Californie.

a parois épaisses, cubiques (pl. 8, fig. 17). Les cellules du tissu fondamental qui
sont immédiatement au-dessus se ramifient. Les cellules de l'écorce primaire qui
sont au-dessous du plan sécant se ramifient aussi, mais se distinguent des précédentes par leurs dimensions exiguës.

(1) Le *P. canariensis* ne diffère pas anatomiquement du *P. nigra* Link.

(2) *P. orientalis*, *P. morindoides*, *P. ajanensis* S. Z., ne diffèrent pas anatomiquement du *P. excelsa* Link.

Caractères anatomiques des feuilles des Pseudotsuga (1). — Le tissu fondamental est différencié, comme chez les *Tsuga*, en parenchyme en palissade et en parenchyme rameux. Dans ce tissu fondamental, nous trouvons deux glandes résinifères placées l'une à droite, l'autre à gauche de la nervure ; elles sont voisines des bords de la feuille et accolées à l'épiderme inférieur.

L'épiderme est composé de courtes cellules cubiques, à parois souvent épaisses. La paroi externe est criblée de ponctuations simples. Les stomates sont disposés en files parallèles à la nervure ; ces files sont groupées en deux bandelettes situées à la face inférieure de la feuille, comme chez les *Tsuga*. Dans quelques espèces, on trouve quelques stomates sur la face supérieure de la feuille.

De petits amas de fibres hypodermiques s'observent sur les bords de la feuille, au-dessus et au-dessous de la nervure et sous l'épiderme supérieur.

Tableau synoptique des caractères anatomiques des espèces du sous-genre Pseudotsuga.

Des stomates sur la face supérieure.	Deux bandelettes sur la face supérieure ; de l'hypoderme entre les files de stomates ; 5 files de stomates par bandelette......................................	P. *nobilis.*
	Quelques stomates seulement dans le haut du sillon median de la face supérieure ; pas d'hypoderme entre les stomates ; 15 files de stomates par bandelette......................................	P. *Davidiana.*
Pas de stomates sur la face supérieure.	10 files de stomates par bandelette ; quelques amas de fibres hypodermiques sous l'épiderme superieur, entre la nervure et les bords....................	P. *jezoensis.*
	5 files de stomates par bandelette ; pas de fibres hypodermiques sous l'épiderme superieur.............	P. *Douglasii.*

Synonymie et distribution géographique des espèces du sous-genre Pseudotsuga.

P. nobilis. — Fleuve Columbia. — Syn. : *Abies nobilis* Lindley, *Picea nobilis* Loud., *Pinus nobilis* Douglas.

P. Davidiana (2). — Tibet.

(1) Les feuilles des *Pseudotsuga* sont persistantes, sessiles, aplaties, à bords lisses ; tantôt elles sont terminées par un mucron aigu, tantôt elles ont leur extrémité bilobée. De même que chez les *Abies*, les feuilles sont insérées directement sur la tige, elles ne reposent pas sur des coussinets (pl. 7, fig. 11).

(2) Le P. *Davidiana* est une plante du Tibet dont les cônes furent envoyés en

P. jezoensis. — Syn. : *Keteleeria Fortunei* Carr., *Picea jezoensis* Carr., *Abies jezoensis* Lindl., *A. Fortunei* Murray.

P. Douglasii Carr. — Fleuve Columbia. — Syn. : *Tsuga Douglasii* Carr., 1857, *Abies Douglasii* Lindl., *Pinus taxifolia* Lamb., *P. Douglasii* Sab.

Les *P. nobilis*, *P. Douglasii*, ont entre eux de très-grandes ressemblances. Il en est de même de *P. Davidiana* et de *P. jezoensis*. D'un autre côté, les plantes américaines sont très-différentes anatomiquement des *Pseudotsuga* asiatiques. Par conséquent, les espèces qui présentent la même structure anatomique vivant dans une même contrée, il y a concordance entre la classification naturelle des espèces et leur distribution géographique.

Troisième sous-genre. — TSUGA.

Syn. : ABIES (Pär.).

Distribution géographique. — Les espèces du genre *Tsuga* habitent la Chine orientale, le Japon, la Californie et le sud-ouest du Canada.

Caractères anatomiques des feuilles des Tsuga (1). — La nervure se compose d'un seul faisceau primaire qui reste toujours indivis. Sous la nervure, nous trouvons chez tous les *Tsuga* une

Europe par M. l'abbé David en décembre 1871. En voici les caractères : « Strobili » (coni) pedunculati cylindracei, 15-17 centim. longi., 5 circiter in diametro (*a*); squamæ » basi subemarginatæ breviter stipitatæ, 3 centim. longæ, laxæ, ovatæ, obtusæ, margine » eroso-denticulatæ, coriaceæ, apice parum reflexæ, extrorsum sericeo-pulverulentæ, » introrsum linea subvelutina, subprominente longitrorsum notatæ, fuscæ. Semina » ovata, lenia, in alam dimidiatam, cultriformem, pallidam, subnitidam expansa, stro- » bili squamis æquilongam, ima basi semen semi-involventem. »

(1) Les feuilles sont persistantes, plates, sessiles; leurs bords sont lisses, excepté chez le *T. canadensis*. Chaque feuille est portée par un coussinet très-accentué, surtout dans le jeune âge (pl. 7, fig. 10). La face inférieure de la feuille porte toujours deux bandelettes de stomates. Les feuilles sont couchées sur les rameaux, comme chez les *Pseudotsuga*.

(*a*) « Bracteolæ squamis breviores, subabsconditæ, fuscæ inferne, membranaceæ superne, in laminam eroso-denticulatam medio apiculatam expansæ, 2 centim. longæ. »

grosse glande résinifère qui ne pénètre pas dans la tige (fig. 1, 2, pl. 8). Le tissu fondamental est composé de cellules à parois minces, lisses, différencié en parenchyme en palissade et en parenchyme rameux.

La feuille est revêtue d'une couche d'épiderme d'un seul rang de cellules ; celles qui ne sont pas dans les bandelettes sont lisses, un peu allongées (fig. 3, pl. 8), et leurs parois sont peu épaisses. Les cellules épidermiques des bandelettes sont courtes, lisses, presque cubiques. A l'exception du *T. Hookeriana*, qui a des stomates sur les deux faces de la feuille, les stomates sont disposés en files parallèles à la nervure ; ces files sont groupés en bandelettes, et les bandelettes, au nombre de deux sur chaque feuille, sont placées à la face inférieure de cet organe, de chaque côté de la nervure (fig. 1, 2, pl. 8).

L'hypoderme n'est représenté que par quelques fibres à parois peu épaisses, courtes, parallèles à la nervure, situées sur les bords de la feuille.

Structure de l'écaille. — Les écailles ne sont que des feuilles très-peu modifiées ; en effet, nous trouvons dans ces organes un faisceau primaire réduit à quelques cellules ligneuses accompagnées d'un petit nombre de trachées, et de cellules cambiales, lisses, représentant le liber. Sous chaque faisceau, on remarque une glande résinifère : il n'y a pas trace de gaîne protectrice du faisceau, ni de tissu aréolé.

Autour du faisceau et de la glande, on trouve un parenchyme dont les cellules sont lisses ; ce tissu n'est pas différencié. L'épiderme se compose de cellules qui ressemblent à celles de l'épiderme supérieur des feuilles ; les parois des cellules de l'épiderme extérieur sont plus épaisses que celles de l'épiderme intérieur.

Il n'y a pas de fibres hypodermiques dans ces écailles.

Tableau synoptique des caractères anatomiques des espèces du sous-genre Tsuga.

Des stomates sur la face supérieure de la feuille. Bords lisses. Pas d'hypoderme . . . . *P. Hookeriana.*

Pas de stomates sur la face supérieure de la feuille. { Bords de la feuille mamelonnés ; de l'hypoderme. *P. canadensis.* { **Bords lisses.** { Pas d'hypoderme . . . . *P. Brunoniana.* { De l'hypoderme . . . . *P. Sieboldii.*

Synonymie et distribution géographique des espèces du sous-genre Tsuga.

P. (Tsuga) Hookeriana Carr. — Californie du Nord. — Syn.: *Abies Pattoni* Jeff., *A. Hookerii* Hort., *A. Williamsonii* Newberry.

P. (Tsuga) canadensis (1) Link. — Montagnes Rocheuses. — Syn.: *Abies canadensis* Mich., *Pinus americana* Du Roi, *P. canadensis* Linn.

P. (Tsuga) Brunoniana Wall. — Chine méridionale. — Syn.: *Abies dumosa* Loud., *A. cedroides* Griff., *Micropeuce Brunoniana* Spach, *P. decidua* Wall.

P. (Tsuga) Sieboldii Carr. — Japon. — Syn.: *Pinus Tsuga* Ant.

II. — A. 8. LARIX Link.

Syn. : Laricis spec. Tourn.; Pinus sect. Larix Endl.

Distribution géographique. — Les espèces du genre *Larix* habitent les régions de l'hémisphère nord comprises entre le 40e et le 60e degré de latitude.

Caractères anatomiques des feuilles des Larix (2). — La nervure est formée d'un seul faisceau primaire indivis; très-souvent les cellules du tissu aréolé qui entourent les faisceaux sont sclérifiées ou transformées en fibres pseudolibériennes (fig. 16, pl. 8). Le tissu fondamental est différencié en parenchyme en palissade et en parenchyme rameux (fig. 17, pl. 8). Les cellules du tissu

____

(1) Le *T. Mertensiana* ne diffère pas anatomiquement du *T. canadensis*.

(2) Les feuilles des *Larix* sont caduques, sessiles, aplaties, étroites, molles; de même que celles des Cèdres, elles reposent sur de volumineux coussinets; elles portent toujours deux petites bandelettes sur la face inférieure, symétriquement disposées par rapport à la nervure. Les feuilles peuvent se diviser en feuilles longues et en feuilles courtes; les premières naissent sur les pousses longues, les autres naissent sur les pousses courtes.

fondamental voisines des bords de la feuille ou qui sont au contact de l'épiderme au-dessus et au-dessous du faisceau sont transformées en fibres hypodermiques. On trouve dans chaque feuille deux glandes très-petites qui sont entre les cellules hypodermiques du bord de la feuille et les cellules épidermiques (*a*, fig. 18, pl. 8).

L'épiderme des feuilles des *Larix* est semblable à celui des feuilles des *Tsuga*; les stomates des *Larix* ont aussi la même structure que les stomates des *Tsuga*. Chez les *L. Lyallii*, *L. americana*, on trouve quelques files de stomates sur la face supérieure de la feuille, tandis que chez tous les autres les stomates, disposés en files, forment sur la face inférieure de la feuille deux petites bandelettes.

Tableau synoptique des caractères anatomiques des espèces du genre Larix.

La face supérieure porte des stomates.	De l'hypoderme.	L. *Lyallii.*
	Pas d'hypoderme.	L. *americana.*
La face supérieure ne porte pas de stomates.	De l'hypoderme. 4 files de stomates par bandelette.	L. *europæa.*
	Pas d'hypoderme. 9 files de stomates par bandelette.	L. *Kæmpferi.*

Synonymie et distribution géographique des espèces du genre Larix.

L. Lyallii Parl. — Montagnes Rocheuses.

L. americana Mich. — Canada. — Syn. : *Pinus intermedia* Du Roi, *P. microcarpa* Lamb., *Larix microcarpa* Forb., *L. Fraseri* Curt., *L. tenuifolia* Salisb., *Abies microcarpa* Lindl.

L. europæa DC. (1). — Europe centrale. — Syn. : *L. decidua* Mill., *L. pyramidalis* Salisb., *L. excelsa* Link, *L. vulgaris* Spach, *Pinus Larix* L., *Abies Larix* Lamb.

L. Kæmpferi Fort. — Japon. — Syn. : *Abies Kæmpferi* Lindl., *Pinus Kæmpferi* Lamb., *Larix amabilis* Nelson, *Pseudolarix Kæmpferi* Gord.

(1) Les *Larix leptolepis*, *L. sibirica*, *L. dahurica*. ne diffèrent pas anatomiquement du *Larix europæa*.

Dans les Mélèzes, comme dans les autres genres des Abiétinées proprement dites, nous voyons que les espèces qui sont les plus voisines au point de vue de leur structure anatomique sont aussi les plus voisines géographiquement. Là aussi nous trouvons un parallélisme entre la flore de l'Amérique du Nord et la flore de l'Asie.

II. — A. 9. CEDRUS Link.

Distribution géographique. — Le genre *Cedrus* contient trois espèces : *C. atlantica*, Atlas, *C. Libani*, Asie Mineure, *C. Deodara*, Himalaya.

Caractères anatomiques des feuilles des Cèdres (1). — La nervure est formée par un seul faisceau primaire indivis, dont le rayon médullaire médian est très-volumineux. Le tissu fondamental n'est pas différencié; toutefois toutes les cellules qui sont en contact avec l'épiderme sont transformées en hypoderme. L'épiderme est formé de cellules courtes cubiques, qui présentent exactement la même structure que celle de l'épiderme des *Pseudotsuga*. Les stomates sont disposés en files parallèles à la nervure; ces files sont groupées au nombre de deux ou trois sur chacune des deux parties de la face supérieure; on trouve de deux à six files sur la face inférieure de la feuille.

On observe toujours deux glandes résinifères situées à droite et à gauche de la nervure, près des bords de la feuille et accolées à l'épiderme inférieur (fig. 15, pl. 8) (2).

(1) Les feuilles sont triangulaires, sessiles; elles reposent sur des coussinets volumineux (pl. 7, fig. 14); elles ne portent pas de bandelettes; les feuilles sont toujours terminées par un mucron aigu. Les feuilles sont longues ou courtes. Les feuilles longues naissent sur de longues pousses et elles sont largement espacées. Les feuilles courtes naissent sur les pousses latérales, qui restent courtes du moins pendant les premières années).

(2) La structure de l'écaille des *Cedrus* est la même que celle des écailles des *Picea*.

Tableau synoptique des caractères anatomiques des espèces du genre Cedrus.

Pas de stomates sur la face inférieure de la feuille ; feuille triangulaire. *C. atlantica.*

Des stomates sur la face inférieure de la feuille.
- Feuille triangulaire. 4 files de stomates sur la face supérieure ; 2 files de stomates sur la face inférieure .... *C. Libani.*
- Feuille subtétragone. 8-12 files de stomates sur la face supérieure ; 4-6 files de stomates sur la face inférieure............................. *C. Deodara.*

Synonymie des espèces du genre Cedrus.

C. atlantica Manetti. — Montagnes de l'Atlas. — Syn. : *C. africana* Gord., *C. argentea* Loud., *C. elegans* Knight, *Abies atlantica* Lindl., *Pinus atlantica* Endl.

C. Libani Barrelier. — Mont Liban. — Syn. : *C. Phœnicæ* Renealm, *Pinus Cedrus* L., *Larix Cedrus* Mill., *L. patula* Salisb., *Abies Cedrus* Poir.

C. Deodara Loudon. — Himalaya. — Syn. : *Cedrus indi a* De Chambr., *Pinus Deodara* Roxb., *Abies Deodara* Lindl.

Dans le genre *Cedrus*, comme dans les groupes *Picea* et *Abies*, nous trouvons encore de remarquables coïncidences entre la classification naturelle des espèces et leur distribution géographique. Ainsi le *C. Libani*, intermédiaire entre *C. atlantica* et *C. Deodara* comme structure anatomique, l'est aussi comme distribution géographique.

II. — A. 10. ABIES Link.

Syn. : Picea Don ; Abies sect. Picea et Peuce Spach.

Distribution géographique. — Les *Abies* habitent toute la région de l'hémisphère nord comprise entre 35° et 55° de latitude.

Caractères anatomiques des feuilles des Abies (1). — La ner-

(1) Les feuilles des *Abies* sont persistantes, sessiles, aplaties, à bords lisses. Ces feuilles sont directement insérées sur la tige (pl. 7, fig. 13) ; elles laissent après leur chute de petites cicatrices circulaires. A l'exception d'*A. Pinsapo*, les feuilles des *Abies* sont couchées sur les rameaux.

Tableau synoptique des caractères anatomiques des espèces du genre Abies.

PREMIÈRE SECTION.

Les glandes résinifères sont accolées à l'épiderme inférieur.

- Des stomates sur la face supérieure.
  - Toute la face supérieure est couverte de stomates. 14 files par bandelette . . . . A. *grandis.*
  - Stomates.
    - localisés en plusieurs files longues. 10 files de stom. par band. . . . A. *Reginæ Ameliæ*
    - au nombre de 2 ou 3 près de la pointe de la feuille. 7 files de stomates par bandelette . . . . A. *numidica.*
- Pas de stomates sur la face supérieure.
  - 7 files de stomates par bandelette.
    - De l'hypoderme sous l'épiderme supérieur.
      - Zone continue d'hypoderme . . . . A. *cephalonica.*
      - Zone discontinue d'hypoderme.
        - Beaucoup d'hypoderme . . . . A. *pectinata.*
        - Très-peu d'hypoderme. . . . . A. *Pindrow.*
    - Pas d'hypoderme sous l'épiderme supérieur . . . . A. *cilicica.*
  - Plus de 10 files de stomates par bandelette.
    - Des fibres pseudolibériennes . . . . A. *bifida.*
    - Pas de fibres pseudo-libériennes.
      - Zone continue d'hypoderme.
        - Feuille mucronée . . . . A. *bracteata.*
        - Feuille bilobée . . . . . . A. *spectabilis.*
      - Zone discontinue d'hypoderme . . . . A. *Gordoniana.*

DEUXIÈME SECTION.

Les glandes résinifères ne touchent pas l'épiderme inférieur.

- Des stomates sur la face supérieure.
  - De l'hypoderme
    - 6 files de stomates sur la face supérieure . . . . A. *Pinsapo.*
    - 2 files de stomates sur la face supérieure . . . . A. *Fraseri.*
  - Pas d'hypoderme . . . . A. *balsamea.*
- Pas de stomates sur la face supérieure.
  - Pas d'hypoderme
    - 10 files de stomates par bandelette . . . . A. *Weitchii.*
    - 5 files de stomates par bandelette . . . . A. *sibirica.*
  - De l'hypoderme
    - 7 files de stomates par bandelette . . . . A. *homolepis.*
    - 10 files de stomates par bandelette . . . . A. *firma.*

vure est divisée en deux branches parallèles dans toute l'étendue du limbe. Le tissu fondamental est différencié en parenchyme en palissade et en parenchyme rameux ; les cellules de ce tissu voisines de l'épiderme se transforment en fibres hypodermiques. Chez *Abies bifida* il y a quelques cellules du tissu fondamental qui se transforment en fibres pseudolibériennes.

La feuille des *Abies* contient toujours deux glandes résinifères qui sont placées de chaque côté de la nervure. Mais, chez les uns, ces glandes résinifères sont accolées à la face inférieure de la feuille et dans le voisinage des bords; chez les autres, au contraire, ces glandes sont dans le milieu même du tissu fondamental (fig. 5, 6, pl. 8).

La structure de l'épiderme des feuilles des *Abies* est la même que celle de ce tissu chez les *Pseudotsuga* (fig. 7, 8, pl. 8). On trouve toujours deux bandelettes de stomates de chaque côté de la nervure à la face inférieure de la feuille ; suivant les espèces, on trouve des stomates sur la face supérieure de la feuille, ou bien au contraire cette face en est absolument dépourvue.

Synonymie et distribution géographique du genre Abies.

A. *grandis* Lindl. —Californie.— Syn. : *Picea grandis* Dougl., *Abies lasiocarpa* Gord., *Pinus concolor* Engel., *P. lasiocarpa* Hook.

A. *Reginæ Ameliæ* Heldr. — Grèce. — Syn. : A. *Pinsapo* Boiss. (d'après M. Cosson), A. *numidica* de quelques autres auteurs.

A. *numidica* De Lannoy. —Algérie. — Syn. : A. *Pinsapo* Boiss., d'après M. Cosson.

A. *cephalonica* Link. — Céphalonie, le mont Enos. — Syn. : *Picea cephalonica* Endl., A. *Luscombeana* Loud., A. *panachaica* Heldr., **A. *Apollinis* Link,** *P. Apollinis* Ant.

A. *pectinata* De Candolle (1). — Europe centrale. — Syn. :

____

(1) L'*A. Nordmanniana* me paraît à peine différent de l'*A. pectinata* De Candolle.

Pinus picea L.. *P. Abies* Du Roi. *Abies alba* Mill., *A. taxifolia* Desfont., *A. excelsa* Link., *Picea pectinata* Loud.

A. *Pindrow* Spach. (1). — Monts Himalaya, à 2000 mètres d'altitude. — Syn. : *Taxus Lambertiana* Wall., *Pinus Pindrow* Du Roy, *Picea Herbertiana* M., *P. Pindrow* Loud.

A. *cilicica* Balans. — Cilicie. — Syn. : *Pinus cilicica* Kotsch., *Picea cilicica* Loud.

A. *bifida* S. et Z. — Japon.

A. *bracteata* Hook. et Arnott (2). — Fleuve Columbia. — Syn. : *P. bracteata* Don, *P. venusta* Dougl., *Picea bracteata* Loud.

A. *spectabilis* Herpin de Fremont. — Californie.

A. *Gordoniana.* — Ile de Vancouver.

A. *Pinsapo* Boiss. — Espagne (Sierra Nevada). — Syn. : *Picea Pinsapo* Loud., *Pinus Pinsapo* Ant.

A. *Fraseri* Lindl. (3). — Pensylvanie. — Syn. : *Picea Fraseri* Loud., *Pinus Fraseri* Ant.

A. *balsamea* Mill. — Canada. — Syn. : *Pinus balsamea* Lindl., *Picea balsamea* Loud.

A. *Weitchii* Carr. — Chine et le Japon. — Syn. : *P. Weitchii.*

A. *sibirica* Ledeb. — Sibérie méridionale. — Syn. : *Picea Pichta* Loud., *Pinus Pichta* Fisch., *P. sibirica* Steud.

A. *homolepis* S. et Z. — Japon. — Syn. : *Pinus homolepis* Ant., *Picea homolepis* Loud.

A. *firma* S. et Z. — Japon. — Syn. : *Pinus firma* Ant., *Picea firma* Gord.

Si nous mettions en présence les espèces et les contrées qu'elles habitent dans les deux sections du genre *Abies ;* si en

---

(1) *A. Webbiana* Lindl. ne diffère pas anatomiquement de l'*A. Pindrow* Spach.

(2) *A. religiosa* Lindl. ne diffère pas anatomiquement de l'*A. bracteata* Hook. et Arnott.

(3) *A. amabilis* Forbes ne diffère pas anatomiquement de l'*A. Fraseri* Lindl.

même temps nous rapprochons l'une près de l'autre les espèces les plus voisines anatomiquement, nous aurons le tableau suivant :

<table>
<tr><td colspan="2">SECTION I.</td><td colspan="2">SECTION II.</td></tr>
<tr><td>*A. grandis.*</td><td>Californie.</td><td>*A. Fraseri.*</td><td>Pensylvanie.</td></tr>
<tr><td>*A. numidica*</td><td>Algérie.</td><td>*A. balsamea*</td><td>Caroline.</td></tr>
<tr><td>*A. Reginæ Ameliæ*</td><td>Grèce.</td><td></td><td></td></tr>
<tr><td>*A. cephalonica*</td><td>Grèce.</td><td>*A. Pinsapo*</td><td>Espagne mérid.</td></tr>
<tr><td>*A. pectinata*</td><td>Europe.</td><td></td><td></td></tr>
<tr><td>*A. cilicica*</td><td>Cilicie.</td><td>*A. sibirica*</td><td>Sibérie.</td></tr>
<tr><td>*A. Pindrow*</td><td>Himalaya.</td><td>*A. Weitchii*</td><td>Japon.</td></tr>
<tr><td>*A. bifida*</td><td>Japon.</td><td>*A. homolepis*</td><td>Japon.</td></tr>
<tr><td>*A. bracteata*</td><td>Californie.</td><td>*A. firma*</td><td>Japon.</td></tr>
<tr><td>*A. spectabilis*</td><td>Californie.</td><td></td><td></td></tr>
<tr><td>*A. Gordoniana*</td><td>Ile Vancouver.</td><td></td><td></td></tr>
</table>

Toutes ces espèces sont comprises entre le 35° et le 55° degré de latitude nord.

II. — B. 11. PINUS Linné.

Le genre *Pinus* se divise en sept sections :

Les *Cembra*, les *Strobus*, les *Pseudostrobus*, les *Tæda*, les *Pinea*, les *Pinaster*, les *Monophylla*.

Les deux premières sections ont cinq feuilles dans chaque gaîne ; les trois suivantes en ont seulement trois ; la sixième n'en a que deux ; la dernière, ainsi que son nom l'indique, n'en a qu'une.

Section A. — CEMBRA Spach.

La seule différence entre les *Pinus* de la section *Cembra* et les *Pinus* de la section *Strobus*, c'est que les faisceaux primaires de la tige des *Cembra* ont une glande résinifère dans leur bois primaire, tandis que cet organe manque le plus souvent chez les *Strobus*.

L'étude de la structure anatomique des tiges et des feuilles des *Cembra* ne permet pas de les différencier, ni d'établir de rapport entre leur classification naturelle et leur distribution géographique.

Section B. — STROBUS Spach.

Parcours des faisceaux. — Les feuilles, solitaires, sont insérées sur des pousses longues et leur arrangement spiral a pour cycle 8/21. Dans l'aisselle de chacune de ces feuilles simples nous trouvons des pousses courtes dont les feuilles inférieures restent écailleuses; les cinq dernières feuilles se développent seules, et chacune d'elles reçoit un seul faisceau primaire indivis, sur la structure duquel je me suis arrêté en parlant de la structure de la feuille des *Strobus*. Les feuilles développées ou écailleuses sont insérées sur les courtes pousses en une spirale dont le cycle est 5/13. Les faisceaux primaires qui se rendent aux feuilles simples ne présentent rien de particulier dans leur parcours : quant aux faisceaux primaires des pousses courtes, les cinq faisceaux qui se rendent aux feuilles développées sont très-volumineux : tandis que les faisceaux des feuilles écailleuses sont excessivement grêles : néanmoins le parcours de ces faisceaux est le même que celui que j'ai fait connaître à propos de *Taxus*, avec cette différence pourtant que les plans d'émergence des cinq derniers faisceaux sont extrêmement rapprochés.

Tableau synoptique des caractères anatomiques des espèces de la section des Strobus.

Des stomates sur la face inférieure des feuilles.......................... *P. Lambertiana.*

Pas de stomates { 2 glandes résinifères............................ *P. Strobus.*

sur la face inférieure. { 3 glandes résinifères...................... *P. excelsa.*

Synonymie et distribution géographique des espèces de la section Strobus.

P. Lambertiana Dougl. — Californie.

P. Strobus L. — Amér. septentr.

P. excelsa Wall. — Monts Himalaya. — Syn. : *P. Strobus* Ham., *P. chylla* Loud., *P. Dicksonii* Hort., *P. pendula* Griff., *P. nepalensis* de Chambr.

Section C. — PSEUDOSTROBUS Endl.

Les feuilles sont au nombre de trois dans chaque gaîne. Chaque feuille reçoit un seul faisceau primaire, qui reste indivis pendant son parcours à travers le limbe (fig. 11, pl. 9).

Le parcours des faisceaux primaires de la tige des *Pseudostrobus* est le même que celui des faisceaux des *Pinea* et des *Tæda*; il ne diffère de celui des faisceaux primaires de la tige des *Strobus* et des *Cembra* que parce que trois faisceaux au lieu de cinq sont bien développés.

Je n'ai eu occasion d'examiner qu'une seule espèce de la section des *Pseudostrobus*, le *P. occidentalis* Swartz.

Section D. — TÆDA Endl.

Les feuilles, au nombre de trois dans chaque gaîne, reçoivent chacune un seul faisceau primaire, qui se divise en deux pendant son parcours à travers le limbe.

Tableau synoptique des caractères anatomiques des espèces de la section des Tæda.

Pas de glande résinifère				P. Tæda.
Des glandes résinifères.	Dans le parenchyme, 4 glandes			P. ponderosa.
	Contre l'hypoderme, 2 glandes seulement	sur les bords de la feuille.		P. canariensis.
		contre la face supérieure.		P. longifolia.
		contre la face inférieure..		P. insularis.

Synonymie et distribution géographique des espèces de la section des Tæda.

P. Tæda L. — Caroline.

P. ponderosa Dougl. (1). — Californie. — Syn. : *P. Nutkaensis* Manetti.

(1) Les *P. tuberculata* Don, *P. australis* Mich., *P. Sabiniana* Dougl., *P. Coulteri* Don, *P. Benthamania* Hartweg, présentent la même structure anatomique que le *P. ponderosa*.

P. canariensis Chr. Smith.

P. longifolia Roxb. — Monts Himalaya. — Syn. : *P. serenagensis* Madd.. *Palla blanca* Hort.

P. insularis Endl. — Timor et les Philippines. — Syn. : *P. timorensis* Loud.

Section E. — PINEA Endl.

Il n'y a aucun caractère anatomique qui différencie nettement les *Pinea* des *Tæda*.

Section F. — PINASTER Endl.

Il n'y a que deux feuilles dans chacune des gaînes des *Pinus* de la section des *Pinaster* (1). La forme de la section transversale de ces organes rappelle celle du pétiole de la feuille du *Salisburia adiantifolia* (fig. 3. 4. pl. 9). Dans chacune de ces feuilles nous trouvons un seul faisceau primaire divisé en deux branches bien séparées.

Parcours des faisceaux primaires dans les courtes pousses. — Les feuilles, écailleuses ou bien développées, qui s'insèrent sur les courtes pousses nées dans l'aisselle des feuilles simples, sont disposées sur ces rameaux, suivant une spirale dont le cycle est 5/13. Deux feuilles seulement se développent sur ces rameaux courts, les autres restent écailleuses et les faisceaux primaires qui s'y rendent restent très-grèles. Au contraire, les faisceaux primaires qui se rendent aux feuilles développées sont très-volumineux; quant aux rapports de ces faisceaux avec les faisceaux des feuilles écailleuses, ils sont les mêmes que ceux que j'ai déjà eu occasion de décrire chez les *Strobus*.

____

(1) Wittstein, *Zur Kenntn. d. Pinus silvestris.*

*Tableau synoptique des caractères anatomiques des espèces de la section
des* Pinaster.

```
Pas de glande résinifère.............................................. P. contorta.
                 ⎧ Pas de glande ⎧ Glandes résinifères accolées à l'hypoderme.  P. rubra.
Des              ⎪   médiane      ⎨ Glandes résinif. ⎧ 3 glandes résinifères......  P. pungens.
glandes       ⎨   supérieure.  ⎩  non accolées    ⎨
résinifères.  ⎪                    à l'hypoderme. ⎩ 5 glandes résinifères ou 2.  P. Pinaster.
                 ⎩ Une glande médiane supérieure...........................  P. silvestris.
```

*Synonymie et distribution géographique des espèces de la section
des* Pinaster.

P. contorta Dougl. — Californie.

P. rubra Mich. — Virginie.

P. pungens Mich. — Virginie.

P. Pinaster (1) Soland. — Europe. — Syn. : *P. maritima*
Lamb., *P. nepalensis* Royle, *P. syrtica* Thore, *P. Latteri*
Madden, *P. chinensis* Knight, *P. Novæ-Zelandiæ* Hort.,
P. neglecta Low.

P. silvestris (2) L. — Europe.

Section G. — MONOPHYLLA Bertd.

Les feuilles écailleuses qui enveloppent les aiguilles vertes et
qui forment la gaîne des rameaux courts n'ont point de faisceaux, et, de plus, elles ne contiennent pas de glandes résinifères.

Parcours des faisceaux primaires. — Les faisceaux primaires
de la tige qui se rendent dans les feuilles simples ne présentent
rien de particulier dans leur parcours; et comme le cycle des

(1) Les *P. pyrenaica* Lapeyr., *P. Lemonia* Bentham, sont semblables au *P. Pinaster*
par leur organisation histologique.

(2) Les *P. Pumilio* Hænke, *P. Laricio* Poir., *P. brutia* Tenore (a), *P. austriaca*
Hook., *P. Massoniana* S. Z., *P. Saltzmanni* Dunal, *P. halepensis* Aiton, ne diffèrent
pas anatomiquement du *P. silvestris* (b).

(a) M. le docteur Christ s'est occupé de savoir si les *P. brutia* et *P. halepensis* étaient la même
espèce (Heinr. zur Kennin. südeuropäischer Pinusarten, in *Flora*, 1863. n° 24).

(b) Sebouw, *Coniferes d'Italie* (Ann. sc. nat., 3e série. t. III).

feuilles simples sur les pousses terminales est 8/21. un faisceau quelconque p, au moment de son émergence, est compris
entre les faisceaux $p+13$ et $p+21$ ou p+8. Ce sont les faisceaux $p+13$ et $p+8$ qui fournissent les faisceaux de la pousse
nouvelle, de la pousse courte qui naît dans l'aisselle d'une écaille.
Une branche du faisceau $p+8$ se recourbe et se divise en deux
branches : l'une qui se rend immédiatement dans la pousse (1),
l'autre qui monte verticalement. À une certaine hauteur cette
branche se divise en deux ; une branche très-grêle s'élève verticalement et va se réunir au faisceau $p+8$; l'autre se recourbe,
et entre dans la pousse courte dont elle donne un seul faisceau ;
deux branches descendent de la partie supérieure de $p+8$, se
recourbent et donnent deux faisceaux à la pousse. Le faisceau
$p+13$ se comporte comme le faisceau $p+8$, à cela près pourtant qu'il n'y a qu'une seule branche qui descende de $p+13$
pour entrer dans la nouvelle pousse. Telle est l'origine des
treize faisceaux primaires que nous trouvons à la base d'une
pousse courte.

Si nous examinons des coupes transversales minces successives, en allant du point d'émergence du faisceau p qui se rend
à la feuille simple et en nous élevant verticalement, nous voyons
que la branche de $p+8$ et celle de $p+13$ qui doivent se rendre
dans la courte pousse se séparent de ces faisceaux et émergent
dans le parenchyme, formant un système de deux masses fibro-
vasculaires libériennes symétriquement placées par rapport au
plan vertical dans lequel émerge le faisceau p. Bientôt nous
avons (pl. 7, fig. 21), en dehors du cylindre ligneux, un faisceau
émergeant p et un système de deux masses vasculaires symétriquement disposées par rapport à un axe contenu dans le plan
vertical défini : par l'axe de la pousse primaire et le faisceau
émergeant p. Ce système (pl. 7, fig. 22) prend bientôt la forme
d'un triangle : puis la masse ligneuse qui forme la base du triangle (c'est le côté le plus voisin de l'anneau ligneux de la tige) se
divise en deux, ces deux parties s'écartent ; le système tout
entier s'ouvre comme si ses deux parties tournaient autour

(1) Elle fournit quatre faisceaux à cette pousse.

d'une charnière placée au sommet du triangle, et bientôt nous
n'avons plus qu'une seule masse portant un petit rayon médullaire médian (pl. 7, fig. 23, 25) : le système entre alors
dans l'aiguille.

D'après cette description, on voit que l'aiguille verte unique,
contenue dans les gaînes du *Pinus monophylla*, est le représentant physiologique des feuilles, mais n'en est pas le représentant morphologique et qu'elle ne mérite en rien le nom de
feuille. C'est une sorte de rameau dont le cylindre ligneux s'est
ouvert suivant une de ses génératrices, et s'est étalé sur un plan
tangent diamétralement opposé à cette génératrice (pl. 9,
fig. 5, 6).

Il ne faut point confondre le *P. monophylla* Torr. avec le
P. monophylla des jardiniers, qui n'est le plus souvent qu'une
forme du *P. silvestris* dans laquelle les deux feuilles de chaque
gaîne sont fortement accolées.

*Tableau synoptique résumant les principaux caractères anatomiques qui différencient
entre eux les genres et les sous-genres* PICEA, TSUGA, PSEUDOTSUGA, LARIX, CEDRUS,
ABIES.

Pas de suber herbacé. Les feuilles sont portées par des coussinets.

Une seule espèce de pousse. Épiderme de la tige velu.
Stomates disposés en deux bandelettes sur la face inférieure de la feuille. Feuille aplatie. Une nervure
simple et au-dessous une seule glande résinifère.
Feuilles persistantes. . . . . TSUGA.

Une seule espèce de pousse. Épiderme de la tige lisse.
Stomates non disposés en bandelette, plus nombreux
sur la face supérieure de la feuille. Feuille tétragone.
Une nervure avec un fort sillon médian. Deux glandes
résinifères latérales. Feuilles persistantes. . . . . PICEA

Deux espèces de pousses. Épiderme de la tige velu. Stomates non disposés en bandelette, plus nombreux sur
la face supérieure de la feuille. Feuille triangulaire.
Une nervure avec un fort sillon médian. Deux glandes
résinifères latérales. Feuilles persistantes. . . . . CEDRUS.

Deux espèces de pousses. Épiderme de la tige velu. Stomates en deux bandelettes sur la face inférieure de la
feuille. Feuille aplatie. Une nervure simple. Deux glandes résinifères marginales. Feuilles caduques. . . . . . . LARIX.

Du suber herbacé.
Les feuilles ne reposent par sur des
coussinets.   Nervure simple. . . . . PSEUDOTSUGA.
Une seule espèce de pousse.
Feuilles aplaties portant 2 bandes   Nervure bifide. . . . . ABIES.
de stomates à la face inférieure.
Feuilles persistantes.

III. — 12. SCIADOPITYS (1) Sieb. et Zucc.

Syn. : Taxus spec. Thunb.

Distribution géographique. — Le genre *Sciadopitys* ne contient qu'une seule espèce, le *S. verticillata* S. Z (2), qui habite le Japon.

Je ne reviens pas sur les descriptions que H. von Mohl et M. E. Strasburger ont données du *Sciadopitys verticillata* lorsque la plante est très-jeune. A l'âge de douze ans environ, un *Sciadopitys* se compose d'une série de longs rameaux. cylindriques, dénudés dans leur partie inférieure, renflés à leur extrémité supérieure, qui porte trois verticilles de longues feuilles vertes extrêmement rapprochés. Qu'on imagine une série de parasols ouverts et traversés par un manche commun, et l'on aura une idée grossière sans doute, mais très-exacte, de la forme du *Sciadopitys*.

Si nous examinons de plus près ces rameaux, nous voyons à leur surface, de distance en distance, de petites écailles brunes, sèches, qui ne sont que des feuilles atrophiées. Dans l'aisselle de chacune de ces feuilles nous trouvons de longs poils simples. Vers le sommet du rameau. ces écailles deviennent extrêmement nombreuses ; leur cycle d'insertion s'élève brusquement de 5/13 à 21/55 ou même 34/89. Dans l'aisselle de chaque écaille nous trouvons, outre les poils simples, une longue lanière verte que les botanistes descripteurs ont appelée *feuille*, et que les anatomistes allemands désignent sous le nom de *Doppelnadel*, qui signifie *double aiguille* ; je l'appellerai simplement *aiguille*. Ce sont des lanières linéaires, d'un vert luisant en dessus, et qui portent, dans la région médiane de leur face inférieure, un profond sillon blanchâtre au fond duquel sont cachés les stomates ; leur extrémité supérieure est bilobée.

---

(1) N'ayant pas eu à ma disposition de vieille écorce de *Sciadopitys*, je n'ai pu donner l'anatomie de cette partie de la plante ; pour cette même raison, j'ai laissé de côté les phénomènes de décortication.

(2) Syn. : *Taxus verticillata* Thunb., *Pinus verticillata* Sieb.

Historique. — Les recherches entreprises jusqu'à ce jour sur la structure anatomique du *Sciadopitys* n'ont porté que sur un seul point : la structure, et surtout sur la signification morphologique des *aiguilles.*

En 1863, M. F. Thomas regarde les aiguilles comme de *simples feuilles nées sur un axe secondaire avorté*, lequel axe devait se développer dans l'aisselle d'une écaille (1). En 1866, M. Dickson les considère comme des *cladodes*, c'est-à-dire comme un axe secondaire aplati (2). En 1867, M. Engelmann les considère comme résultant de la *soudure de deux feuilles simples nées sur un axe secondaire atrophié*. Cet axe secondaire aurait dû se développer dans l'aisselle d'une écaille (3).

En 1871, H. von Mohl fait connaître l'anatomie de la partie moyenne des aiguilles, et, s'appuyant seulement sur la structure anatomique de ces organes, il admet l'hypothèse de M. Engelmann (4). En 1873, M. E. Strasburger (5) reproduit les résultats de H. von Mohl.

Structure de la tige. — Faisceau. — La structure des jeunes faisceaux de la tige du *Sciadopitys* est la même que celle des jeunes faisceaux primaires des Abiétinées proprement dites.

Tissu fondamental et système tégumentaire. — La moelle du *Sciadopitys* a la même structure que celle des *Tsuga*, elle ne contient jamais de glande résinifère. La structure des rayons médullaires est la même que celle des jeunes rayons des tiges des Abiétinées. L'écorce primaire se compose (pl. 10. fig. 1) de grosses cellules arrondies gorgées de chlorophylle ; les cellules de ce tissu voisines de l'épiderme se transforment en cellules

(1) F. Thomas, *Zur vergl. Anatomie d. Coniferen Laublätter* (Jahrb., Bd. IV, Heft 1, 1865). — G. Zuccarini (*Beitr. z. morphol. d. Coniferen*, Bd. III, Akad. d. Bay.) et Parlatore (*Prodromus*, t. XVI, p. 435) avaient avant M. Thomas regardé l'aiguille comme une feuille simple née directement sur l'axe primaire.

(2) *Journal of Botany*, 1866, vol. IV, p. 224.

(3) *Sitz. d. naturf. Freunde in Berlin*, 1868, p. 14.

(4) *Loc. cit.*

(5) *Loc. cit.*

hypodermiques à parois peu épaisses. Le parenchyme herbacé et l'hypoderme renferment de nombreuses glandes résinifères : les glandes de l'hypoderme se terminent dans les aiguilles, tandis que les glandes du parenchyme herbacé se rendent dans les écailles.

Le système tégumentaire est formé par une couche de cellules épidermiques dont la paroi extérieure est fortement cuticularisée. En général, ces cellules épidermiques sont lisses ; toutefois celles qui sont situées à l'aisselle des écailles se prolongent en forme de longs poils simples qui peuvent se cloisonner horizontalement.

De très-bonne heure une lame de phellogène apparaît entre le parenchyme herbacé et l'hypoderme : elle forme une mince lame de liège (pl. 10, fig. 1) par division unilatérale externe.

Structure des écailles (pl. 10, fig. 2, 3). — Une écaille se compose d'un faisceau primaire indivis, dont la structure est la même que celle des très-jeunes faisceaux primaires de la tige. Sous ce faisceau on trouve une glande résinifère qui va se terminer dans le parenchyme herbacé de la tige; autour du faisceau une masse de parenchyme non différencié : toutefois les cellules de ce tissu qui sont en contact avec l'épiderme sont transformées en fibres hypodermiques. L'épiderme est formé d'une couche de cellules cubiques lisses et ne présente jamais de stomates.

Les écailles sont disposées sur les rameaux suivant un ordre spiral dont le cycle est 5/13 ou 8/21.

Structure des aiguilles. — Une aiguille se compose de deux gros faisceaux parallèles entre eux, entourés de tous côtés par une masse de parenchyme mal différencié ; une couche de cellules épidermiques recouvre tout l'organe.

Chaque faisceau a la même structure que celle des jeunes faisceaux primaires de la tige ; il est entouré par une masse de cellules cubiques courtes, couvertes de ponctuations aréolées : c'est le *tissu aréolé* que nous avons trouvé chez les *Pinus*. H. von

Mohl l'appelle *tissu de transfusion*, et le regarde, mais à tort, comme le représentant morphologique du *tissu de transfusion* des *Podocarpus*. Une gaîne protectrice, souvent mal définie, enveloppe chacun des faisceaux (pl. 10, fig. 4).

Le tissu fondamental se compose de cellules à parois peu épaisses, gorgées de chlorophylle ; un grand nombre de cellules de ce tissu se transforment en cellules rameuses et épaississent énormément leurs parois (pl. 10, fig. 7). Les cellules du tissu fondamental qui sont en contact avec l'épiderme se transforment en fibres hypodermiques.

Les cellules de l'épiderme supérieur des aiguilles, et celles des parties de l'épiderme de la face inférieure de ces organes comprises entre le sillon médian et les bords, sont lisses, cubiques ou à peine deux fois aussi longues que larges (pl. 10, fig. 8). Les cellules de l'épiderme du sillon de la face inférieure (pl. 10, fig. 9, 10, 11) sont cubiques, mais elles sont surmontées de longs mamelons en forme de doigt de gant ; on ne trouve les stomates qu'entre les cellules de l'épiderme du sillon. Chaque stomate se compose de deux grosses cellules réniformes, enchâssées entre quatre cellules épidermiques qui lui forment une antichambre peu profonde. Les mamelons des cellules épidermiques forment en avant de l'antichambre une vaste chambre très-profonde. Cette disposition rappelle celle que nous avons déjà rencontrée chez les *Torreya*. Les stomates sont disposés en files, et ces files forment une bandelette.

Nous trouvons toujours dans le tissu fondamental des aiguilles, en contact avec l'hypoderme, un certain nombre de glandes qui vont se terminer dans l'hypoderme de la tige. En général, il y en a (pl. 10, fig. 12) une de chaque côté de la bandelette, une sous chaque faisceau, et une près de chacun des bords. Souvent aussi on voit une glande accessoire (1) entre la glande qui borde la bandelette et la glande du bord de l'aiguille ; plus

____

(1) M. Thomas a distingué les glandes résinifères des feuilles des Conifères en *glandes principales* et en *glandes accessoires*. Ces dernières peuvent manquer fréquemment. (*Pringsh. Jahrb.*, Bd. IV.)

rarement on trouve une autre glande accessoire entre la glande marginale et celle qui se rencontre sous chaque faisceau.

Si nous poursuivons les faisceaux jusque dans les lobes terminaux de l'aiguille, ils se réduisent à du parenchyme ligneux, et plus haut encore à du tissu aréolé : c'est le mode de terminaison des faisceaux primaires décrit par A. B. Frank, en 1864, chez le *Taxus buccata*. A la base des aiguilles, au contraire, les gaines protectrices des faisceaux disparaissent ; il en est de même du tissu aréolé et des cellules pseudolibériennes rameuses ; la plupart des cellules du tissu fondamental se transforment en fibres hypodermiques et en fibres pseudolibériennes ; quant à la structure des faisceaux eux-mêmes, elle est la même que celle que nous avons décrite dans la partie moyenne des aiguilles.

Parcours des faisceaux. — Le parcours des faisceaux primaires qui se rendent de la tige dans les écailles ordinaires est le même que celui des faisceaux primaires des rameaux à feuilles simples des Pins.

Vers la partie supérieure d'un rameau nous trouvons, outre les faisceaux primaires qui se rendent dans les écailles, les faisceaux primaires qui se dirigent vers les aiguilles nées à l'aisselle de celles-ci. Les nombres 1, 2, 3... n désignant les n faisceaux primaires qui se rendent aux n premières écailles situées au-dessus d'une écaille donnée, dans l'ordre de leur insertion sur une spirale dont le cycle est 21/55. Un faisceau quelconque p émerge dans un plan vertical compris entre les faisceaux $p + 21$ à gauche et $p + 34$ à droite. Les deux faisceaux $p + 21$ et $p + 34$ vont se comporter comme les faisceaux $p + 8$ et $p + 13$ chez *Pinus monophylla* ; c'est-à-dire qu'ils vont fournir les faisceaux primaires du rameau qui doit naître dans l'aisselle de la feuille p. Ainsi, sur une section transversale de la tige de *Sciadopitys* menée à une petite distance de l'extrémité d'un rameau, nous trouvons dans l'aisselle de chacun des faisceaux primaires qui se rendent aux écailles (pl. 10, fig. 5, A) des systèmes de faisceaux primaires formés de deux masses ligneuses symétriquement placées (pl. 10, fig. 5, B, C) par rapport au plan vertical dans lequel émerge le faisceau de l'écaille considérée ; ce n'est pas autre chose que ce que nous avons décrit chez *Pinus monophylla*, et en général chez toutes les pousses courtes des *Pinus*. Les deux masses ligneuses B et C de la fig. 5, pl. 10, ne sont donc que les faisceaux primaires d'un rameau secondaire atrophié, né dans l'aisselle de l'écaille qui reçoit le faisceau A.

Si nous poursuivons un système tel que celui des trois faisceaux A, B, C, nous voyons bientôt le faisceau A s'infléchir et entrer dans l'écaille où il doit se rendre. Les masses ligneuses B et C se disposent symétriquement par rapport au plan vertical d'émergence du faisceau A, et en même temps par rapport à un axe contenu dans ce plan et passant par le centre du cercle formé par les deux faisceaux B et C. Bientôt le rayon médullaire OY diminue, tandis que OX augmente beaucoup ; puis les deux masses ligneuses B et C se séparent, deviennent parallèles entre elles et entrent dans l'aiguille, tournant ainsi leurs trachées vers la bandelette (pl. 10, fig. 12). Ainsi, sur une section transversale d'une aiguille, nous trouvons deux faisceaux bien séparés, dont les trachées sont à la face inférieure des faisceaux et regardent la bandelette ; le plan de symétrie du faisceau est perpendiculaire à la partie de la bandelette qui en est la plus voisine.

Morphologie des aiguilles. — Étant donnés les faits que je viens de faire connaître, quelle est la signification morphologique des aiguilles ? Quant à leur rôle physiologique, il est parfaitement connu, elles remplacent les feuilles. D'après ce que j'ai dit, une aiguille est un organe qui procède d'un axe secondaire né dans l'aisselle de l'écaille qui est à sa base. Par conséquent, il faut abandonner l'hypothèse de Zuccarini et de M. Parlatore, à savoir qu'*une aiguille est une feuille simple née sur l'axe primaire*.

En second lieu, *l'aiguille est-elle une feuille simple née sur un axe secondaire atrophié ?* comme le dit M. Thomas. Mais nous savons que les trachées des faisceaux sont tournées vers la face inférieure de l'organe, que cette face porte en son milieu un profond sillon, et que l'organe a deux groupes vasculaires formés chacun de quatre faisceaux primaires ; par conséquent, l'hypothèse de M. Thomas est inadmissible.

L'hypothèse de M. Dickson, à savoir que *l'aiguille est un cladode*, ne peut être admise. En effet, un cladode est un rameau aplati, il est symétrique par rapport à un axe ; or, ce n'est pas le cas d'une aiguille.

En dernier lieu, il nous reste à examiner l'hypothèse de M. Engelmann, admise par H. v. Mohl et par M. E. Strasburger, à savoir que l'aiguille du *Sciadopitys* résulte de la *soudure par leurs bords des deux dernières feuilles d'un rameau secondaire atrophié!* Le seul argument en faveur de cette manière de voir est que la face supérieure, aussi bien que la face inférieure de cet organe, porte un sillon médian, et que l'extrémité de l'aiguille est bilobée 1) ; mais dans cette hypothèse il faut admettre un rameau atrophié, bien que son système fibro-vasculaire soit parfaitement développé ; deux feuilles seulement développées sur ce rameau, et ces deux feuilles, les dernières de ce rameau, soudées par leurs bords ; et tout cela pour expliquer l'origine du sillon situé à la face inférieure de l'aiguille.

Pour moi, une aiguille de *Sciadopitys* n'est autre chose qu'une forme particulière de l'aiguille terminale des pousses courtes du *Pinus monophylla*. Dans cette forme le rayon médullaire OY est très-développé ; mais, comme chez le *Sciadopitys*, les rameaux successifs sont homodromes au lieu d'être hétérodromes ; le cylindre ligneux, au lieu de s'étaler sur le plan tangent X, s'étale incomplétement sur le plan tangent Y. Par conséquent, une aiguille dépend d'un axe secondaire, et ce n'est *ni une feuille, ni un système de feuilles soudées, ni un rameau.* A l'heure présente, la science ne possède pas de nom pour désigner de tels organes ; le mot *Doppelnadel* indiquant une signification morphologique inexacte, j'ai employé pour les désigner le mot *aiguille*, qui ne préjuge rien (2).

---

1) Ce que nous retrouvons dans l'*Abies lapta.*

2) Une *aiguille* est un *organe appendiculaire* dans lequel passent *tous les faisceaux* d'un rameau. Ces faisceaux, une fois dans l'aiguille, *s'étalent sur un seul plan perpendiculaire au plan diamétral principal du rameau.*

GÉNÉRALITÉS SUR LES GENRES *CUNNINGHAMIA*, *SEQUOIA*, *ARTHROTAXIS* (1).

Historique. — Aucun travail n'a été fait jusqu'à ce jour sur la structure anatomique de la tige des Séquoiées. Seul, M. Th. Geyler (2), en 1867, a fait connaître le parcours des faisceaux primaires de la tige des trois genres que nous allons étudier.

M. Hildebrand, en 1860, fait connaître la structure des stomates des *Sequoia* et des *Cunninghamia*. En 1863, M. F. Thomas cite quelques particularités des cellules épidermiques des *Cunninghamia* et des *Sequoia*. En dehors des travaux de ces deux derniers auteurs, je ne connais aucun travail où il soit traité de la structure des feuilles des Séquoiées.

Structure de la tige. — *Faisceaux*. — La structure des faisceaux des *Cunninghamia*, des *Sequoia* et des *Arthrotaxis* est la même que celle des faisceaux des *Taxus*, à cela près toutefois que les fibres ligneuses ne sont pas spiralées (3).

Tissu fondamental et système tégumentaire. — La moelle est comme celle des *Taxus*, et, comme cette dernière, ne contient ni sclérites ni glandes résinifères. L'écorce primaire se compose de cellules arrondies gorgées de chlorophylle; celles qui sont sous l'épiderme s'épaississent et s'allongent en fibres hypodermiques. On trouve toujours dans le parenchyme herbacé la terminaison

---

(1) Je n'ai eu à ma disposition que de très-jeunes *Arthrotaxis*; par conséquent je ne puis faire connaître la structure du vieux liber secondaire et les phénomènes de décortication.

(2) Th. Geyler (*Jahrbüch.*, 1867), M. Dippel en 1863, avaient dit un mot de la structure de l'étui médullaire de *Cunninghamia sinensis*.

(3) De même que chez les *Taxus*, les cristaux d'oxalate de chaux ne se trouvent que dans les parois des cellules, mais jamais dans l'intérieur de celles-ci, comme nous l'avons vu dans les *Abies* et dans les genres voisins.

des glandes résinifères des feuilles. L'épiderme est formé d'une seule couche de cellules en forme de parallélipipède. Chez les *Sequoia* et les *Arthrotaxis*, cet épiderme présente des stomates de distance en distance.

Décortication. — De très-bonne heure, chez les *Cunninghamia*, un peu plus tard chez *Sequoia sempervirens*, on voit apparaître une lame de phellogène entre l'hypoderme et le parenchyme herbacé ; cette lame engendre une mince couche de liége par division unilatérale externe. Plus tard des arcs de phellogène apparaissent dans le liber secondaire et forment des lentilles de rhytidome.

Ces arcs de phellogène engendrent une couche de liége qui a le plus souvent quatre cellules d'épaisseur ; de plus, ils se développent toujours entre les cellules grillagées et les cellules du parenchyme libérien.

Chez les *Sequoia*, les lentilles de rhytidome, ainsi séparées du reste de la tige, meurent, se dessèchent et restent en place ; les cellules du parenchyme libérien et les cellules grillagées se détruisent rapidement ; bientôt il ne reste plus que des fibres libériennes isolées, qui forment à l'arbre le revêtement filamenteux qui caractérise ces plantes. Chez les *Cunninghamia*, les écailles de rhytidome tombent d'un seul morceau avant la destruction des cellules du parenchyme.

Chez les *Arthrotaxis* et le *Sequoia gigantea*, la première lame de phellogène apparaît dans le parenchyme herbacé entre les glandes résinifères et le liber primaire, absolument comme dans le *Cephalotaxus* ; chez le *Sequoia gigantea*, les lames secondaires de phellogène sont semblables à celles du *S. sempervirens* ; quant aux *Arthrotaxis*, je n'ai pas eu à ma disposition de vieille écorce.

Structure de la feuille (1). — Dans les genres *Cunninghamia*,

<hr>

(1) Les feuilles des *Cunninghamia*, des *Sequoia* et des *Arthrotaxis* sont persistantes, sessiles, insérées sur la tige par une large base, excepté chez le *Sequoia sempervirens*. Les feuilles sont à bords lisses chez les *Sequoia*, les *Arthrotaxis* ; au contraire, chez les

Sequoia, Arthrotaxis, chaque feuille reçoit un seul faisceau primaire de la tige qui reste indivis pendant son parcours à travers le limbe. La structure de ce faisceau primaire de la feuille est la même que celle des faisceaux primaires jeunes de la tige. Sur les bords du faisceau on trouve toujours une quantité considérable de *tissu aréolé.* La gaîne protectrice qui entoure chaque faisceau est mal caractérisée. Les feuilles des *Arthrotaxis* et celles du *Sequoia gigantea* n'ont qu'une seule glande résinifère ; mais celles du *Sequoia sempervirens* et du *Cunninghamia sinensis* en contiennent trois : une médiane placée sous la nervure, et deux autres placées symétriquement par rapport à la première. Elles sont au milieu du tissu fondamental chez le *Cunninghamia sinensis,* et accolées à l'hypoderme de la face inférieure de la feuille et près des bords chez le *Sequoia sempervirens.*

Le tissu fondamental est différencié en parenchyme en palissade et en parenchyme rameux (pl. 10, fig. 6, P, *p*) chez le *Cunninghamia sinensis* et chez le *Sequoia sempervirens.* Dans le *Sequoia gigantea* et tous les *Arthrotaxis,* le tissu fondamental est homogène. Les cellules du tissu fondamental qui sont en contact avec l'épiderme sont transformées en fibres hypodermiques. Nous voyons dans le *Cunninghamia sinensis* quelques-unes des cellules de la région moyenne du tissu fondamental se transformer en longues fibres pseudolibériennes parallèles à la nervure (pl. 11, fig. 6, P′).

Parcours des faisceaux. — Le cycle de la spirale foliaire est 5/13 ou 8/21. Quant au parcours des faisceaux primaires, il est le même que celui des faisceaux primaires du *Taxus.*

Cunninghamia, les bords sont hérissés de pointes tournées vers le sommet de la feuille. Les feuilles sont aplaties et couchées sur les rameaux dans le *Cunninghamia sinensis* et le *S. sempervirens.* Chez le *S. gigantea* et les *Arthrotaxis,* les feuilles sont squamiformes, triangulaires, très-épaisses et très-petites.

CARACTÈRES ANATOMIQUES DES GENRES *CUNNINGHAMIA*, *SEQUOIA*,
ET *ARTHROTAXIS*.

IV. — A. 13. CUNNINGHAMIA R. Br.

Syn. : RATOPITYS J. E. Nelson.

Distribution géographique. — Le genre *Cunninghamia* ne contient qu'une espèce, *C. sinensis* (1).

Caractères anatomiques de la feuille des Cunninghamia. — Outre les caractères que j'ai déjà indiqués, la feuille normale de *Cunninghamia sinensis* (2) présente deux bandelettes sur sa face inférieure. L'épiderme supérieur est composé de cellules lisses, allongées, qui rappellent celles de l'épiderme supérieur des *Tsuga*. Les cellules des bandelettes sont courtes, cubiques; leurs parois externes sont criblées de petites ponctuations simples. Les stomates sont disposés en files, et les files elles-mêmes sont groupées en bandelettes.

Les bords de la feuille sont munis de dentelures dirigées vers le sommet de la feuille.

IV. — A. 14. SEQUOIA Endl.

Distribution géographique. — Les *Sequoia* habitent la Cali-

---

(1) Syn. : *Pinus lanceolata* Lamb., *Abies lanceolata* Desf., *Ratopitys Cunninghamii* Nels., *Araucaria lanceolata* Hort., *Belis lanceolata* Sweet, *Belis jaculifolia* Salisb.

(2) J'ai eu occasion d'étudier un *Cunninghamia sinensis* dont les feuilles étaient insérées à la manière des *Pinus* (pl. 11, fig. 4, 5). Dans l'aisselle d'une feuille se développe une pousse courte; les feuilles inférieures restent écailleuses et forment une gaine; les feuilles terminales sont très-étroites, mais leur structure est à peu près la même que celle des feuilles normales, à cela près qu'elles n'ont pas de glande résinifère médiane et qu'elles ne portent pas de stomates.

fornie ; on en compte deux espèces, qui sont le *S. semper-virens* (1) et le *S. gigantea* (2).

Caractères anatomiques des feuilles des Sequoia.—L'épiderme supérieur de la feuille chez le *S. sempervirens* et les cellules de l'épiderme de la région moyenne et des régions marginales du *S. gigantea* sont allongés. lisses. à parois assez épaisses (pl. 11, fig. 8). Les cellules épidermiques voisines des stomates sont courtes, presque cubiques ; en général elles sont au nombre de six autour de chaque antichambre. On trouve toujours des stomates sur la face supérieure des feuilles des *Sequoia ;* ces stomates sont disposés en files et forment deux groupes de chaque côté de la nervure ; à la face inférieure les stomates forment deux bandelettes sur les feuilles linéaires du *S. sempervirens*, tandis qu'ils ne forment que deux amas très-petits sur les feuilles très-réduites et pour ainsi dire écailleuses du *S. gigantea*. Les bords de la feuille sont toujours lisses.

IV. — A. 15. ARTHROTAXIS Don.

Syn. : Taxodii spec. Lamb.; Condylocarpus Salisb.

Distribution géographique. — Le genre *Arthrotaxis* contient trois espèces ; toutes trois habitent la Tasmanie. Ce sont : *A. cupressoides*, *A. selaginoides* et *A. laxifolia*.

Caractères anatomiques des feuilles des Arthrotaxis. — L'épiderme de la face inférieure des feuilles de *A. laxifolia* et de *A. selaginoides* se compose de cellules aplaties. deux ou trois fois aussi longues que larges (pl. 11, fig. 13). Celles des bords de la feuille ont la même forme. Chez toutes ces cellules les couches cuticulaires sont excessivement développées, et très-fréquemment on y rencontre des cristaux d'oxalate de chaux ou des globules de résine qui ont pénétré là par infiltration.

(1) Syn. : *Taxodium sempervirens* Lamb., *T. nutkaense* Hochst., *Gigantabies taxifolia* Nelson, *Condylocarpus sempervirens* Salisb., *Schubertia sempervirens* Spach.

(2) Syn. : *Gigantabies Wellingtonia* Nels., *Wellingtonia gigantea* Lindl., *Washingtonia californica* Winslow, *Taxodium Washingtonianum* Hort.

Chez l'*Arthrotaxis cupressoides* il y a des stomates sur les deux faces de la feuille; chez les deux autres espèces il n'y en a que deux amas symétriquement placés, par rapport à la nervure, sur la face supérieure de la feuille.

Les bords de la feuille sont lisses.

Tableau synoptique des caractères anatomiques des espèces du genre Arthrotaxis.

Des stomates sur les deux faces de la feuille. Pas de nervure........ *A. cupressoides.*

Stomates   (Des fibres pseudolibériennes sous la nervure.... *A. laxifolia.*
sur une seule face. (Pas de fibres pseudolibériennes sous la nervure. *A. selaginoides.*

Synonymie des espèces du genre Arthrotaxis.

A. *cupressoides* Don.— Syn. : A. *imbricata* Hort., *Cunninghamia cupressoides* Zucc.

A. *laxifolia* Hook.— Syn. : A. *Doniana.*

A. *selaginoides* Don.— Syn. : A. *imbricata* Hort., A. *alpina* Hort.

Tableau synoptique résumant les caractères anatomiques des genres CUNNINGHAMIA ARTHROTAXIS *et* SEQUOIA.

La feuille contient trois glandes résinifères.	Les glandes latérales sont dans le milieu du parenchyme; des fibres pseudolibériennes. Les bords de la feuille ont de petites dents....................	CUNNINGHAMIA.
	Les glandes latérales touchent l'épiderme inférieur; pas de fibres pseudo-libériennes. Les bords de la feuille sont lisses.......................	SEQUOIA SEMPERVIRENS.
La feuille contient une glande résinifère et ses bords sont toujours lisses.	Pas de fibres pseudo-libériennes. Beaucoup de tissu aréolé. Feuille tétragone.	SEQUOIA GIGANTEA.
	Des fibres pseudo-libériennes en général. Peu de tissu aréolé. Section transversale de la feuille en forme de section de pétiole.....................	ARTHROTAXIS.

IV. — B. 16. ARAUCARIA Juss.

Syn. : ALTINGIA Don; COLYMBEA et EUTASSA Salisb.

Distribution géographique. — Le genre *Araucaria* contient deux sous-genres, le groupe *Eutacta* Link, et le groupe *Colymbea*

Salisbury. Des espèces qui forment les genres *Eutacta* et *Colymbea*, les unes sont particulières aux îles de l'Océanie situées au-dessous de l'Équateur, les autres habitent l'Amérique du Sud. Dans ce genre, comme dans les précédents, il semble donc que la flore de l'Amérique du Nord fasse pendant pour ainsi dire à la flore de l'Asie, tandis que la flore de l'Amérique du Sud fait pendant à la flore des îles australiennes (1).

Les *Araucaria* sont de très-grands arbres dont les branches, rapprochées en faux verticilles, sont couvertes de feuilles imbriquées très-dures. Les feuilles des *Araucaria* sont sessiles ; elles s'insèrent directement sur la tige par une très-large base, à l'exception de l'*A. Cunninghami ;* elles sont toujours parcourues par plusieurs faisceaux parallèles qui ne sont cependant que les branches d'un faisceau primaire unique de la tige. Les feuilles des *Araucaria* sont presque triangulaires, aplaties ou subtétragones, épaisses, terminées le plus souvent par un mucron excessivement aigu, comme chez l'*A. imbricata* par exemple. La surface des feuilles est d'un vert luisant, et l'on y remarque de distance en distance des files de stomates parallèles entre elles. Lorsque les feuilles, comme chez l'*A. excelsa*, sont subtétragones, légèrement recourbées vers le rameau, la base de la feuille est d'abord assez étroite ; elle grandit avec la feuille et avec la tige, et à sa mort elle laisse sur le tronc une large cicatrice caractéristique. La chute des feuilles n'a lieu que longtemps après leur mort.

Historique. — Dès 1841, H. R. Göppert (2) étudie la structure des fibres ligneuses des *Araucaria ;* il reconnaît que le bois des Araucariées se distingue facilement du bois des autres Abiétinées.

En 1860, H. Schacht (3) dit quelques mots sur la structure anatomique de la tige et de la racine de l'*Araucaria brasiliensis.*

---

(1) A ces deux sous-genres on peut joindre le sous-genre *Altingia*, dont les espèces habitent l'Australie.

(2) H. R. Göppert, *De structura.* Vratislaviae. 1841, in-4, 2 Tal.

(3) H. Schacht, *Der Baum.* Bonn, 1860, in-8.

En 1862, ce même auteur (1) publie un mémoire consacré spécialement à l'étude de la structure anatomique de la tige et de la racine d'*Araucaria brasiliensis*.

En 1862, M. Dippel (2) décrit l'étui médullaire des *Araucaria*.

Les stomates des feuilles des *Araucaria* sont décrits en 1860 par M. F. Hildebrand (3), en 1867 par M. E. Strasburger (4). Schacht, en 1860 (5), donne un schéma d'une coupe transversale d'une feuille de *Colymbea*. M. F. Thomas, en 1863, dit quelques mots de l'épiderme des feuilles des *Araucaria* et de la multiplicité de leurs nervures (6).

En 1867, M. Th. Geyler fait connaître le parcours des faisceaux primaires de la tige des *Araucaria* (7).

Structure de la tige. — *Faisceaux.* — La structure des faisceaux primaires d'une tige d'*Araucaria* diffère très-peu de celle du *Tsuga*. Ainsi les fibres ligneuses très-volumineuses chez les *Araucaria*, et surtout chez les *Colymbea*, ont leurs parois radiales couvertes de plusieurs files verticales de ponctuations aréolées, polyédriques ; les couches cuticularisées des parois des fibres ligneuses sont le plus souvent excessivement développées. Jamais il n'y a de glande, ni dans le bois primaire, ni dans le bois secondaire.

Le liber primaire ne présente rien de particulier. Le liber secondaire jeune est formé de cellules parenchymateuses, de fibres libériennes et de fibres lisses, qui représentent les cellules grillagées ; tous ces éléments sont mélangés. Dans le liber secondaire âgé, qui n'a pas été étudié par H. Schacht, les

(1) H. Schacht, *Ueber den Stamm und Wurzel der* Araucaria brasiliensis (*Bot. Zeit.*, n° 48, und ff., 1862).

(2) Dippel (a), *Bau der Markscheide Histologie der Coniferen* (*Bot. Zeit.*, 1862).

(3) F. Hildebrand, *Bau des Spaltöff. d. Coniferen* (*Bot. Zeit.*, 1860, n° 17).

(4) E. Strasburger, Pringsh., *Jahrb. für Botanik*, Bd. V, Heft 3.

(5) H. Schacht, *Der Baum*.

(6) F. Thomas, *Jahrb.*, Bd. III, Heft 1.

(7) Th. Geyler, *Ueber Gefässbündelverlauf. d. Coniferen* (*Jahrb.*, Bd. VI, Heft 1).

(8) M. E. de la Rue s'est occupé de l'étui médullaire des Araucariées ; il a reproduit le travail de Dippel, *Beitrag. zur Histologie der Coniferenstammrinde* (*Bot. Zeit.*, 1873, n° 19).

fibres lisses sont remplacées par des cellules grillagées ; les cellules du parenchyme libérien ont leurs parois couvertes de ponctuations réticulées très-larges ; elles se boursouflent, se déforment, compriment les autres éléments du liber et même les font disparaître ; bientôt après, quelques-unes de ces cellules parenchymateuses se sclérifient (1). Il se forme ainsi de nombreux noyaux petits très-durs au milieu d'une masse de cellules tendres, d'où résulte une très-grande difficulté pour faire de bonnes coupes minces d'une certaine étendue.

Dans le liber secondaire complétement développé, on voit se former de distance en distance des glandes résinifères très-volumineuses.

Tissu fondamental et système tégumentaire. — La moelle se compose de cellules arrondies, à parois minces et lisses dans le jeune âge ; mais à une époque un peu plus avancée certaines d'entre elles se sclérifient. Il n'y a jamais de glandes résinifères dans la moelle.

Les rayons médullaires secondaires ont à peu près la même structure que les rayons médullaires secondaires des tiges des Abiétinées proprement dites. Comme chez celles-ci, il est bientôt impossible de distinguer les cellules des rayons médullaires de la région libérienne des cellules du parenchyme libérien.

Le parenchyme herbacé se compose de cellules arrondies gorgées de chlorophylle dans le jeune âge ; la couche de ce tissu en contact avec l'épiderme se transforme en hypoderme : chez l'*A. Cunninghami* les fibres hypodermiques ont des parois très-peu épaisses. Dans ce parenchyme herbacé on trouve des glandes résinifères qui terminent celles des feuilles.

Le système tégumentaire est formé par une simple couche de cellules épidermiques plates, trois fois aussi longues que larges, et dont les couches cuticulaires présentent une épaisseur remarquable et sont criblées de cristaux d'oxalate de chaux très-volumineux (2).

<hr>

(1) Les cristaux des parois de ces sclérites sont très-volumineux.
(2) M. Solms Laubach, *Bot. Zeit.*, 1871 (*loc. cit.*).

Décortication. — Dans la plupart des *Araucaria*, chez tous les *Colymbea* et chez la plupart des *Eutacta*, on voit apparaître vers la troisième ou la quatrième année seulement, et souvent plus tard encore, une série d'arcs de phellogène qui se réunissent et forment un anneau complet autour de la tige. Par division tangentielle unilatérale externe ce phellogène engendre une lame de liège. Plusieurs années après seulement, de nouveaux arcs de phellogène apparaissent dans le liber secondaire déformé par le développement des cellules du parenchyme libérien, et détachent des lentilles de rhytidome. Le liège primaire apparaît entre le liber primaire et le liber secondaire.

Les lentilles de rhytidome ne se détachent pas de la tige ; certaines cellules se détruisent ; il en résulte des méats, des lacunes souvent volumineuses qui s'emplissent de résine. Souvent ce phénomène se produit près d'une glande résinifère.

Structure des feuilles. — Chez tous les *Araucaria*, **A. Cun-ninghami** excepté, le limbe reçoit plusieurs nervures parallèles qui ne sont que les branches d'un faisceau primaire unique de la tige, qui s'est divisé bien avant d'entrer dans la feuille. La structure de chacune des branches du faisceau primaire est la même que celle du faisceau primaire jeune de la tige. Sur les bords de chaque nervure on trouve une masse de tissu aréolé d'autant plus développée, que nous sommes plus près de la terminaison du faisceau. Les faisceaux n'ont pas de gaîne protectrice, ils s'étendent dans une masse de tissu fondamental généralement différencié en parenchyme en palissade et en parenchyme rameux. Ce tissu fondamental renferme toujours des glandes résinifères. Chez les *Colymbea*, les glandes résinifères se placent dans le plan des nervures, et l'on trouve une glande entre deux faisceaux (pl. 11, fig. 15). Les *Eutacta*, au contraire, ont une glande sous chaque faisceau : ces glandes ne sont jamais en contact avec l'hypoderme. L'*Araucaria excelsa* présente une glande résinifère accessoire accolée à l'hypoderme de la face supérieure de la feuille et à peu près en son milieu. Chez l'*Araucaria Cunninghami* jeune, et ces caractères pourraient peut-être

justifier l'établissement d'un sous-genre, on trouve autour de la
nervure une gaine protectrice bien définie ; le tissu fondamental
n'est pas différencié, et deux glandes résinifères sont accolées
à l'hypoderme, l'une dans l'angle supérieur, l'autre dans l'angle
inférieur de la feuille, qui est tétragone. Il n'y a pas de glande
résinifère immédiatement sous la nervure. A un âge avancé, il
se développe une glande résinifère dans chacun des angles latéraux de la feuille.

Chez tous les *Eutacta*, certaines cellules du tissu fondamenta.
de la feuille se transforment en grosses sclérites rameuses (1),
tandis que chez les *Colymbea* et chez l'*Araucaria Cunninghami*
ce phénomène ne s'observe jamais.

Les cellules du tissu fondamental voisines de l'épiderme se
changent en longues fibres hypodermiques, qui forment ainsi
de gros faisceaux sur les bords des feuilles et entre les files de
stomates.

L'épiderme est formé d'une seule couche de cellules à parois
assez solides, et dont les couches cuticulaires, excessivement
épaisses, sont canaliculées et remplies de cristaux. Les stomates.
disposés en files parallèles aux nervures, se composent de deux
cellules réniformes enchâssées à la face inférieure de quatre
cellules épidermiques ; ces dernières sont situées au-dessous du
plan des autres cellules épidermiques ; il en résulte pour chaque
stomate un puits profond. Les stomates existent sur les deux faces
de la feuille.

Il n'y a pas d'écaille chez les *Araucaria*.

Parcours des faisceaux. — Les feuilles sont insérées sur les
tiges suivant un ordre spiral dont le cycle est 8/21 ou 13/34.
Chaque feuille reçoit un seul faisceau primaire dont le parcours
est le même que celui des faisceaux primaires de la tige du *Taxus
baccata* ; seulement, après son émergence, chaque faisceau se
divise en plusieurs branches symétriquement placées par rapport
à une branche principale médiane, avec laquelle elles deviennent
bientôt parallèles.

(1) Les cristaux d'oxalate de chaux contenus dans les parois sont très-gros.

Tableau synoptique des caractères anatomiques des espèces du genre Araucaria.

Une seule nervure ; 2-4 glandes résinifères hypodermiques éloignées
du faisceau. 4 groupes de stomates, sous-genre *Altingia*. . . . . *A.Cunninghami.*

Plusieurs nervures.

Glandes résinifères sous les faisceaux et accolés à ceux-ci : sous-genre *Eutacta.*

 3 nervures ; 4 groupes de stomates de 5 files chacun. . . . . *A. excelsa.*

 5 nervures ; 4 groupes de stomates de 8 files chacun. . . . . *A. Balansæ.*

 11 nervures : 2 groupes de stomates de 50 files sur chaque face. . . . . . *A. Cookii.*

 13 nervures ; 14 7-7 stomates. *A. Rulei.*
 3 groupes de stom. dont 2 à la face inférieure. 34 7 7 stomates. *A. montana.*

 15 nervures ; 3 groupes de stomates, dont 2 à la face infér. 40/14-14. . *A. Muelleri.*

Glandes résinifères dans le plan des faisceaux : sous-genre *Colymbea.*

 15 nervures ; 65 files de stomates sur chaque face. . . . . *A. brasiliensis.*

 21 nervures ; 70 files de stomates sur chaque face. . . . . *A. imbricata.*

 17 nervures ; 90 files de stomates sur chaque face. . . . . *A. Bidwilli.*

Synonymie et distribution géographique des espèces du genre Araucaria.

I. ALTINGIA Bertd.

A. Cunninghami Ait. — Habite la côte orientale de l'Australie vers Moreton-bay. — Syn. : *Altingia Cunninghami* Don, *Eutacta Cunninghami* Link, *Eutacta Cunninghama* Spach.

II. EUTACTA Link.

A. excelsa R. Br. — Habite l'île de Norfolk. — Syn. : *Altingia excelsa* Loud., *Eutacta excelsa* Link, *Colymbea excelsa* Spreng., *Dombeya excelsa* Lamb.

A. Rulei Lindl. — Habite la Nouvelle-Calédonie.

A. montana Brngt et Gr. — Habite la Nouvelle-Calédonie.

A. Cookii R. Br. — Habite les Nouvelles-Hébrides et la Nouvelle-Calédonie. — Syn. : *Araucaria columnaris* Hort., *Cupressus columnaris* Forst., *Eutacta columnaris* Carr.

A. Muelleri Brngt et Gr. — Habite la Nouvelle-Calédonie.

III. COLYMBEA Salisb.

A. brasiliensis A. Rich. — Habite le Brésil. — Syn : *Arau-*

caria *Rudolfiana* Savi, *Araucaria excelsa* Ait., *Colymbea angustifolia* Bertol., *Pinus dioica* Arab.

A. imbricata Pav. — Habite le Chili austral. — Syn. : *Araucaria chilensis* Mirb., *A. Dombeyi* A. Rich., *Quadrifaria imbricata* Manetti, *Pinus araucana* Molin., *Abies araucana* Poir., *A. Columbaria* Desf., *Dombeya chilensis* Lamk.

IV. — C. 17. DAMMARA Rhumph.

Syn. : Agathis Salisb.

Distribution géographique. — Les *Dammara* habitent Java, Bornéo, la Nouvelle-Zélande et la Nouvelle-Calédonie ; c'est donc un genre propre aux îles de l'Océanie.

Ce sont de grands arbres qui ressemblent assez bien par leur port à la plupart des arbres feuillus de la région méditerranéenne. Les rameaux portent de larges feuilles ovales, sessiles et étranglées à leur base, minces ou coriaces, terminées par une sorte de bec particulier. Le limbe est traversé par un certain nombre de nervures parallèles, qui ne sont que les branches d'un faisceau primaire unique de la tige ; il n'y a de stomates que sur la face inférieure de la feuille.

Structure de la tige. — *Faisceau* (1). — La structure d'un jeune faisceau primaire de la tige de *Dammara* est la même que celle des jeunes faisceaux primaires de la tige des *Tsuga*, avec cette différence cependant qu'il y a plus de trachées chez les *Dammara*, et que les cellules cambiales, lisses, portent de très-bonne heure des ponctuations grillagées. Je n'ai pas eu à ma disposition de très-vieille tige de *Dammara* ; par suite, je ne puis rien dire touchant la structure du vieux liber secondaire.

(1) Historique. — Il n'a encore été fait, à ma connaissance, aucune observation sur la structure de la tige des *Dammara* ; en dehors toutefois de celles de M. H. R. Göppert sur *D. australis* en 1841. En 1860, M. Hildebrand étudie la structure des stomates de *Dammara*. En 1863, M. F. Thomas parle d'après M. Hildebrand de la structure de l'épiderme de la feuille de ces plantes. En 1867, M. Th. Geyler étudie le parcours des faisceaux primaires de la tige de *D. australis*.

Tissu fondamental. — La moelle est formée dans le jeune âge de cellules arrondies, lisses ; mais de très-bonne heure un très-grand nombre de ces cellules se sclérifient et deviennent rameuses.

Les rayons médullaires secondaires du *Dammara* sont semblables à ceux des *Araucaria*. L'écorce primaire est formée de cellules arrondies, gorgées de chlorophylle ; celles qui sont en contact avec l'épiderme s'allongent en fibres hypodermiques. On trouve dans le parenchyme herbacé de nombreuses glandes qui ne sont que les terminaisons des glandes résinifères des feuilles. Un grand nombre des cellules de l'écorce primaire deviennent rameuses et se sclérifient.

Le système tégumentaire se compose d'une couche de cellules épidermiques légèrement aplaties, lisses, sans poil ni stomate, et presque aussi longues que larges ; leurs couches cuticulaires sont extrêmement épaissies.

Structure de la feuille. — Chaque feuille contient plusieurs nervures parallèles entre elles, qui ne sont que les branches d'un même faisceau primaire de la tige. La structure de ces nervures est identique avec celle des jeunes faisceaux primaires ; de même que chez les Abiétinées, on trouve une masse de tissu aréolé sur les bords de chaque nervure. Une gaîne protectrice, très-mal définie, entoure chaque nervure. Celles-ci sont plongées dans une masse de tissu fondamental différencié en parenchyme en palissade et en parenchyme rameux. Ici encore un grand nombre des cellules du tissu fondamental deviennent rameuses et se sclérifient.

On trouve toujours dans le tissu fondamental des *Dammara* des glandes résinifères situées dans le plan des nervures ; il y a une glande entre deux nervures successives : ce caractère distingue facilement les feuilles des *Dammara* de celles des *Nageia*, qui leur ressemblent au premier aspect.

Suivant les espèces, les cellules du tissu fondamental qui touchent l'hypoderme se transforment en fibres hypodermiques, ou conservent au contraire leur aspect primitif.

L'épiderme supérieur se compose de cellules cubiques courtes disposées en files, ou disséminées au hasard. L'épiderme inférieur est composé de cellules cubiques lisses, au milieu desquelles on rencontre de distance en distance des stomates qui présentent une structure particulière (fig. 2, pl. 12). Chacun de ces organes se compose de deux cellules réniformes enchâssées dans la face inférieure de quatre cellules épidermiques, qui laissent entre elles une antichambre profonde. Les bords des cellules épidermiques qui entourent les antichambres sont relevés d'une manière particulière (fig. 1, pl. 12). En général, le grand axe des stomates est perpendiculaire à la direction générale] des nervures (1).

Parcours des faisceaux. — La disposition des feuilles sur le rameau est extrêmement variable chez les *Dammara*. Elles peuvent être opposées (2), ou disposées suivant une spirale dont le cycle est 5/13 : ce dernier cas est de beaucoup le plus fréquent (3) ; alors le parcours de chaque faisceau est le même que celui des faisceaux primaires du *Taxus*.

Tableau synoptique des caractères anatomiques des principales espèces de Dammara.

Une nappe presque continue d'hypoderme sous la face supérieure ; cellules de l'épiderme supérieur disposées en files.	Pas de sclérites : stomates disposés en files.. *D. Brownii.*
	Des sclérites ; stomates non disposés en files. *D. australis.*
Quelques fibres hypodermiques isolées sous l'épiderme supérieur ; cellules de cet épiderme non disposées en files ; stomates disposés en files.	De nombreux sclérites...................... *D. Moorii.*
	Pas de sclérites................... *D. orientalis.*

(1) Chez les *Dammara*, les écailles ne sont que des feuilles à peine modifiées.

(2) Cette opposition n'est jamais qu'apparente : elle provient d'une spirale dont le cycle est 3/8.

(3) M. Geyler n'a étudié que la première disposition, qui résulte souvent du déplacement des membres d'une spirale dont le cycle est 3/8.

Synonymie et distribution géographique des espèces du genre Dammara.

D. Brownii Hort. — Habite la Nouvelle-Zélande.

D. australis Lamb. — Habite la Nouvelle-Zélande. — Syn. : *Agathis australis* Salisb.

D. Moorii Lindley. — Habite la Nouvelle-Calédonie.

D. orientalis Lamb. — Habite les îles Moluques et les Philippines. — Syn. : *D. alba* Rumph., *D. lauranthifolia* Spach. *D. rubricaulis* Knight, *Agathis Dammara* A. Rich., *A. lauranthifolia* Salisb., *Abies sumatrana* Desf., *A. Dammara* Poir., *Pinus Dammara* Lamb.

V. — A. 18. CRYPTOMERIA Don.

Distribution géographique. — Le genre *Cryptomeria* ne contient qu'une seule espèce, le *C. japonica* Don (1).

Les *Cryptomeria* sont de très-grands arbres, dont les branches sont disposées en faux verticilles. Les feuilles, très-rapprochées, sessiles, charnues, subtétragones, n'ont qu'une seule nervure, et portent quatre groupes de stomates; elles sont persistantes, et, de même que chez les *Araucaria*, ne tombent qu'avec l'écorce primaire.

Il n'y a pas d'écaille chez les *Cryptomeria*; les feuilles du sommet du rameau deviennent plus courtes que les autres.

Historique. — M. Th. Geyler (2) est le seul auteur qui se soit occupé de la structure de la tige du *Cryptomeria*, encore n'a-t-il décrit que le parcours des faisceaux primaires. M. Hildebrand, en 1860, nous a fait connaître (3) la structure des stomates des feuilles du *C. japonica*.

(1) Syn. : *Taxodium japonicum* A. Brngt, *Cupressus japonica* Linn. f., *Sua* Kœmpf., *Cupressus chusanensis* Hortul.

(2) Th. Geyler, *Pringsh. Jahrb.*, Bd. VI, 1867.

(3) F. Hildebrand, *loc. cit.*

*Structure de la tige.— Faisceaux.—*Les faisceaux primaires de la tige du *Cryptomeria* ont la même structure que les faisceaux primaires de la tige du *Taxus baccata,* à cela près que les fibres ligneuses ne sont jamais couvertes d'épaississements spiralés. Il n'y a jamais de glande résinifère ni dans le bois, ni dans le liber, qui se développe toujours avec une régularité parfaite. Le liber primaire est représenté par quelques grosses cellules ibériennes à parois légèrement épaissies.

Tissu fondamental, système tégumentaire et décortication. — La moelle ne présente point de sclérites. Les rayons médullaires, secondaires, ont la même structure que chez le *Taxus.* L'écorce primaire se compose de cellules arrondies gorgées de chlorophylle; la couche de ce tissu en contact avec l'épiderme se transforme en fibres hypodermiques. On trouve dans ce parenchyme herbacé la terminaison des glandes résinifères des feuilles.

L'épiderme est formé d'une couche de cellules aplaties, lisses, deux fois aussi longues que larges, et dont les couches cuticulaires sont extrêmement développées et dépourvues de poils et de stomates (1).

Structure de la feuille. — Chaque feuille reçoit de la tige un seul faisceau primaire, dont la structure est la même que celle des faisceaux primaires jeunes de la tige. De chaque côté du faisceau sont deux grosses masses de tissu aréolé. Sous le faisceau et accolée à celui-ci, on trouve une grosse glande résinifère. Le tissu fondamental n'est pas différencié en parenchyme en palissade et en parenchyme rameux. La plupart des cellules du tissu fondamental en contact avec l'épiderme inférieur sont transformées en fibres hypodermiques. Il n'y a pas de gaîne autour du faisceau.

Les stomates ont la même structure que chez les *Sequoia;* ils sont disposés en files parallèles à la nervure. Il y a deux groupes de ces files contre la face supérieure, et souvent aussi deux

_____

(1) Les phénomènes de décortication sont les mêmes que chez le *Taxus.*

groupes d'une ou deux files de chaque côté de la région médiane sur la face inférieure. Le grand axe des stomates n'est pas parallèle à la nervure.

L'épiderme est composé de cellules aplaties aussi longues que larges, et dont les couches cuticulaires sont excessivement épaisses.

Parcours des faisceaux. — Les feuilles sont disposées sur le rameau suivant une spirale dont le cycle est 5/13 ou 8/21. Chaque feuille reçoit un seul faisceau primaire dont le parcours est le même que celui des faisceaux primaires des *Taxus* (1).

V. — B. 19. TAXODIUM L. C. Rich.

Distribution géographique. — Le genre *Taxodium* contient deux espèces : *T. distichum* L. C. Rich. (2) et *T. mucronatum* Ten. (3).

Les *Taxodium* sont des arbres de grande taille, qui rappellent par leur port certains Acacias au feuillage clair et léger. Leurs *ramules sont caducs*; leurs feuilles sont aplaties, molles, ovales-linéaires, étroites, à peine aussi grandes que celles des *Tsuga*, d'un vert pâle, légèrement étranglées à leur base, couchées sur le rameau. De même que chez les *Taxus*, une légère torsion de leur base les rejette à droite et à gauche du rameau. Ces feuilles sont annuelles et tombent avec les rameaux latéraux qui les portent dans le *T. distichum*. La face inférieure de la feuille porte toujours deux bandelettes de cinq files de stomates; la face supérieure porte très-souvent plusieurs files de stomates de chaque côté de la nervure. Les feuilles sont uninerviées; elles sont insérées sur les rameaux suivant un ordre spiral dont le cycle est 5/13.

Historique. — Les seuls auteurs qui se soient occupés de la

---

(1) Je n'ai pas eu à ma disposition de *Glyptostrobus*.

(2) Syn. : *Cupressus virginiana* Du Roi, *C. americana* Catesb., *C. disticha* Linn., *Schubertia disticha* Mirb., *Cupressus ata disticha* Nels.

(3) Syn. : *T. pinnatum* Hort. aliq., *T. mexicanum* Carr., *T. Montezumæ* Dene, *T. Hugeli* Lawson, *Cupressinata mexicana* Nelson.

structure anatomique des *Taxodium* sont : en 1867, M. Th. Geyler (1) (le parcours des faisceaux primaires de la tige) ; en 1860,
M. Hildebrand (2) (les stomates).

Structure de la tige. — *Faisceaux*. — La structure des faisceaux primaires ne diffère des mêmes faisceaux chez le *Taxus
baccata* que parce que les cellules ligneuses n'ont point d'épaississements spiralés chez les *Taxodium*. Jamais il n'y a de glande
résinifère ni dans le bois, ni dans le liber des faisceaux primaires
ou secondaires de la tige.

Tissu fondamental et système tégumentaire. — La moelle est
composée, comme celle du *Taxus*, de cellules arrondies à parois
minces, et ne contient jamais de sclérites. L'écorce primaire a
la même structure que chez les *Cryptomeria*, à cela près toutefois qu'il n'y a qu'un très-petit nombre de fibres hypodermiques
au contact de l'épiderme. Les rayons médullaires ont la même
structure que chez les *Cryptomeria*. Le système tégumentaire
se compose d'une seule couche de cellules épidermiques lisses,
sans poils, ni stomates ; ces cellules sont à peu près deux fois
aussi longues que larges.

Décortication. — Une lame de phellogène apparaît, à la fin de
la première année, entre l'hypoderme et le parenchyme herbacé
des pousses terminales ; elle isole toutes les pousses latérales, qui
ne tardent pas à mourir et à tomber. Cela fait, d'autres arcs de
phellogène se forment entre le liber primaire et le liber secondaire, puis déterminent dans le liber secondaire des lentilles
de rhytidome qui ne se détachent pas. Chez les *Taxodium* et
chez les *Cryptomeria*, ces lames de rhytidome se détruisent
comme chez les *Sequoia* : telle est l'origine de cette filasse brune
qui revêt les vieux troncs de ces arbres.

Structure de la feuille. — Chaque feuille reçoit de la tige un

(1) *Loc. cit.*
(2) *Loc. cit.*

seul faisceau primaire, dont la structure est la même que celle des faisceaux primaires jeunes de la tige ; de même que chez le *Cryptomeria*, il y a deux grosses masses de tissu aréolé de chaque côté de la nervure, et une glande résinifère accolée, d'une part à la face inférieure du faisceau, d'autre part à l'hypoderme de la face inférieure de la feuille. Le tissu fondamental n'est pas différencié ; il n'y a pas de gaîne autour de la nervure.

L'épiderme se compose de cellules volumineuses presque aussi longues que larges, à parois minces et à couches cuticulaires peu développées. On trouve des stomates sur la face supérieure et sur la face inférieure ; ces stomates sont composés de deux grosses cellules réniformes, enchâssées à la face inférieure de quatre cellules épidermiques qui lui forment une antichambre peu profonde ; le grand axe des stomates est parallèle à la nervure. Ces stomates sont disposées en files, et les files elles-mêmes forment deux bandelettes à la face inférieure de la feuille ; on trouve généralement trois files de stomates de chaque côté de la région médiane de la face supérieure.

Il n'y a que quelques fibres hypodermiques isolées les unes des autres contre l'épiderme ; celles-ci forment, sur les bords de la feuille, un petit groupe de quatre cellules.

Parcours des faisceaux. — Le parcours des faisceaux primaires des tiges des *Taxodium* est le même que celui des faisceaux primaires de la tige du *Taxus baccata* (1).

V. — G. 20. FITZ-ROYA J. D. Hooker.

Syn. : CUPRESSELLATA J. F. Nelson.

Distribution géographique. — Le genre *Fitz-Roya* Hook. ne contient qu'une seule espèce, *F. patagonica* J. D. Hook., de la Patagonie et du Chili austral.

Les *Fitz-Roya* sont des arbres de 25 à 30 mètres, dont les

______

(1) Il n'y a pas de caractères anatomiques permettant de différencier les deux espèces du genre *Taxodium*.

branches et les rameaux s'infléchissent vers le sol. Les feuilles, verticillées, petites, ovales, aplaties, légèrement étranglées à leur base, sont sessiles. Chaque verticille contient trois feuilles ; un de ces verticilles est en croix avec celui qui le précède et avec celui qui le suit. Chaque feuille porte deux petites bandelettes sur sa face inférieure, et ne reçoit de la tige qu'un seul faisceau primaire.

Historique. — Aucun auteur jusqu'ici, à ma connaissance, ne s'est occupé de la structure anatomique de la tige et de la feuille de *Fitz-Roya patagonica.*

Structure de la tige. — *Faisceaux.* — Chaque faisceau primaire se compose de trachées, de vaisseaux grêles, à ponctuations simples, extrêmement nombreuses, très-étroites et très-rapprochées ; de fibres ligneuses dont les parois latérales sont couvertes de ponctuations aréolées, très-larges, perforées à un âge très-avancé. Le liber primaire se compose de quelques grosses fibres à parois un peu épaissies. Le liber secondaire présente une structure très-régulière, soit dans le sens radial, soit dans le sens tangentiel. En effet (fig. 8, 9, pl. 12), il se compose de couches concentriques alternantes de cellules grillagées et de cellules parenchymateuses ; parfois dans le jeune liber secondaire, très-souvent dans le vieux liber secondaire, on trouve un rang de fibres libériennes à la place d'un rang de cellules grillagées. Parfois aussi il se forme une cellule grillagée sur chacune des faces tangentielles d'une fibre libérienne ou d'une cellule grillagée ; mais l'ordre radial normal est : une cellule grillagée, une cellule parenchymateuse, etc., etc.

Les cellules grillagées ont leurs parois criblées de cristaux d'oxalate de chaux ; tandis que ces cristaux manquent au voisinage des ponctuations grillagées, ils forment autour de ces ponctuations des sortes de cercles dont les grillages occupent le centre.

Les cellules du parenchyme libérien ont une structure à elles propre. Les cloisons horizontales portent deux ou trois grosses ponctuations simples, elliptiques ; le grand axe de l'ellipse est

parallèle aux parois tangentielles ; très-rarement, des épaississements en réseau apparaissent dans ces ponctuations. Les parois
radiales des cellules du parenchyme libérien sont assez épaisses ;
elles se couvrent de petites ponctuations simples, très-étroites,
et inclinées à 45 degrés sur l'horizon. Ces petites ponctuations
sont doubles, et dans deux directions perpendiculaires, c'est-
à-dire que sur une première ponctuation inclinée à droite s'est
développée une petite ponctuation inclinée à gauche, d'où résulte une croix avec un point au centre (fig. 8, 9, pl. 12) (1).

Tissu fondamental ; système tégumentaire et décortication. —
La moelle est composée de cellules arrondies lisses dans la jeu-
nesse, à ponctuations simples à un âge un peu plus avancé ; de
même que chez le *Taxus baccata*, on ne trouve ni sclérite, ni
glande résinifère dans ce tissu.

Les rayons médullaires secondaires présentent la même structure que ceux du *Taxus baccata*. Dans leur région libérienne,
ils se composent de cellules aplaties, tabulaires, à ponctuations
simples, elliptiques, grosses, parallèles aux parois tangentielles.
Ces cellules, de même que celles du parenchyme libérien,
ne se déforment pas : elles conservent toujours le caractère des
cellules des rayons médullaires.

L'écorce primaire se compose d'une masse de cellules arrondies gorgées de chlorophylle ; celles de ces cellules en contact
avec l'épiderme sont transformées en fibres hypodermiques. On
trouve dans ce parenchyme herbacé la terminaison des glandes
résinifères des feuilles.

La première lame de phellogène apparaît sous le liber primaire, entre ce tissu et le liber secondaire ; plus tard, des arcs
de phellogène se montreront dans le liber secondaire. Par division
unilatérale externe, elles donneront des lames plus ou moins
épaisses de liége, et isoleront ainsi des lentilles de rhytidome qui
se détachent après un temps plus ou moins long.

(1) Ces cellules parenchymateuses ne se boursoufflent pas et le liber secondaire
conserve toujours sa structure régulièrement stratifiée.

Il n'y a jamais de glande résinifère, ni dans le bois, ni dans le liber.

Structure de la feuille. — La structure de la feuille du *Fitz-Roya patagonica* est à peu de chose près la même que celle des feuilles du *Taxodium*. En effet, le faisceau primaire unique qui se rend à sa feuille a la même structure que celle des jeunes faisceaux primaires de la tige des *Taxodium*. Sur les bords du faisceau, on trouve deux grandes masses de *tissu aréolé*. Une grosse glande résinifère est accolée au faisceau et à l'hypoderme de la face inférieure de la feuille. Le tissu fondamental est différencié en parenchyme en palissade et en parenchyme rameux. Les cellules de ce tissu, qui sont en contact avec l'épiderme, sont transformées en fibres hypodermiques. Il y a une couche continue d'hypoderme sous la face supérieure de la feuille, ainsi que sur ses bords.

L'épiderme est formé de cellules qui rappellent par leur forme les cellules de l'épiderme de la feuille du *Taxodium distichum ;* seulement leurs parois sont plus épaisses, et leurs couches cuticulaires très-développées.

Il n'y a pas d'écaille chez le *Fitz-Roya ;* les feuilles de l'extrémité du rameau sont un peu moins développées que celles de la région moyenne.

Parcours des faisceaux. — Désignons par I′, II′, III′, les trois feuilles d'un premier verticille ; par 1′, 2′, 3′, les feuilles du verticille qui est situé immédiatement au-dessus du premier ; par I″, II″, III″, les feuilles du verticille qui est directement opposé au premier, et, de même par 1″, 2″, 3″. les feuilles du verticille directement opposé au second. Fendons le cylindre ligneux suivant une génératrice I′, I″, et développons la surface sur un plan tangent diamétralement opposé à la génératrice considérée, nous aurons une figure telle que la figure 10, pl. 12.

Un faisceau quelconque I′ situé au milieu de la figure, c'est-à-dire sur la verticale passant par 1′, descend simple de son plan horizontal d'émergence jusqu'au plan d'émergence des faisceaux

I^p, II^p, III^p; là il se divise en deux branches : celle de droite va s'accoler au faisceau II^p, celle de gauche va s'accoler au faisceau III^p. On aura, en changeant, dans ce qui précède, I^p en II^p, II^p en III^p, et III^p en I$_p$, 1$_p$ en 2^p, 2$_p$ en 3$_p$, 3^p en 1^p, le parcours des faisceaux primaires qui se rendent dans les feuilles des verticilles I, II, III. En changeant I^p en 1^p, II^p en 2^p, III^p en 3$_p$, et réciproquement, 1^p en I^{p+1}, 2$_p$ en II^{p+1}, 3^p en III^{p+1}, nous aurons le parcours des faisceaux primaires qui se rendent dans les feuilles du verticille 1, 2, 3.

Tableau synoptique résumant les caractères anatomiques qui différencient les CRYPTOMERIA, les TAXODIUM et les FITZ-ROYA.

Liber formé de couches régulièrement alternantes, de fibres libériennes ; cellules grillagées, cellules parenchymateuses et cellules grillagées. Feuilles spiralées.	Rameaux persistants. Feuilles subtétragones.	CRYPTOMERIA.
	Rameaux caducs. Feuilles aplaties.	TAXODIUM
Liber formé de couches de cellules grillagées et de cellules parenchymateuses. Feuilles verticillées et aplaties.		FITZ-ROYA

GÉNÉRALITÉS DES GENRES *CUPRESSUS, CHAMÆCYPARIS, BIOTA, THUIA, TUIOPSIS, LIBOCEDRUS, CALLITRIS, ACTINOSTROBUS, WIDDRINGTONIA, FRENELLA, JUNIPERUS.*

Historique. — En 1841, M. H. R. Göppert (1) étudie la structure des fibres ligneuses du *Juniperus communis*, du *Cupressus* et du *Thuia ;* il étudie également la structure des rayons médullaires de ces plantes, et les rapproche, avec beaucoup de raison, des Taxinées proprement dites. En 1862, M. Dippel (2) fait connaître la présence de tubes grêles couverts de ponctuations étroites entre les trachées et les fibres ligneuses. En 1872,

(1) Göppert. *loc. cit.*
(2) Dippel, *loc. cit.* (a).

M. E. de la Rue a repris ce travail (*loc. cit.*).

M. J. Schröder, de Dresde (1), mesure la longueur et la largeur des fibres ligneuses des *Cupressus* et des *Juniperus*.

M. Th. Hartig (2), en 1852, figure les ponctuations grillagées des *Juniperus*. H. von Mohl, en 1855 (3), étudie et fait connaître la structure du jeune liber secondaire des Cupressinées. H. Schacht (4), en 1860, dans son *Der Baum*, parle de la structure de la tige des *Juniperus* et des *Cupressus*. Les traités généraux de botanique, tels que celui de M. J. Sachs (5), signalent tous la structure si régulière du liber des Cupressinées.

En 1860, M. J. Hildebrand (6) fait connaître la structure des stomates de la plupart des genres que nous étudions en ce moment. M. Fr. Thomas (7), en 1863, cite certaines particularités des cellules épidermiques de quelques-uns de ces genres.

En 1847, A. Henry fait connaître la phyllotaxie de quelques Cupressinées (8). M. C. Nägeli, en 1858, décrit le parcours des faisceaux primaires de *Juniperus communis* (9). En 1867, M. Th. Geyler (10) fait connaître le parcours des faisceaux primaires des *Juniperus*, des *Callitris*, des *Thuia*, des *Widdringtonia*, des *Chamæcyparis*, etc.

Les glandes des Cupressinées ont été étudiées par M. Van Tieghem en 1872 (11).

Structure de la tige. — Faisceaux. — La structure des faisceaux primaires de la tige des Cupressinées est à peu de chose près celle des *Taxus*. Les fibres ligneuses ne présentent pas d'épaississement spiralé chez les Cupressinées (12). Le liber secondaire a la

---

(1) J. Schröder, *loc. cit.*

(2) Th. Hartig, *loc. cit.*

(3) H. von Mohl, *loc. cit.*

(4) H. Schacht, *loc. cit.*

(5) J. Sachs, *Lehrbuch (loc. cit.).*

(6) F. Hildebrand, *loc. cit.*

(7) Fr. Thomas, *loc. cit.*

(8) A. Henry, *loc. cit.*, *Knospenbilder.* 1 vol. in-4, 17 Taf., 1847.

(9) C. Nägeli, *loc. cit.*

(10) Th. Geyler, *loc. cit.*

(11) Van Tieghem, *loc. cit.*

(12) Exceptionnellement cependant on peut en trouver quelques-unes.

même structure que le liber secondaire de *Taxus baccata* chez *Juniperus* et chez *Thuiopsis ;* chez les autres Cupressinées, il se forme des glandes résinifères dans le liber secondaire. A cet effet, les cellules du parenchyme libérien amincissent leurs parois et sécrètent de la résine ; et comme elles se séparent d'un seul côté des cellules grillagées qui leur sont contiguës, il en résulte une lacune (fig. 12. pl. 12). Souvent on voit ce travail se faire de chaque côté d'une couche de fibres libériennes et des cellules grillagées qui les accompagnent ; on a ainsi une glande divisée en deux par une lame composée d'un rang de fibres libériennes recouvertes en avant et en arrière de cellules grillagées.

Il n'y a jamais de glande résinifère dans le bois des Cupressinées.

Tissu fondamental. — *Système tégumentaire.* — La moelle est composée de cellules arrondies, lisses, semblables à celles de *Taxus baccata.* La structure des rayons médullaires est aussi la même chez les Cupressinées que chez les Taxinées proprement dites.

L'écorce primaire et le système tégumentaire sont les mêmes que chez le *Cephalotaxus.*

Décortication. — La première lame de liége qui se forme par suite de la division tangentielle unilatérale externe de cellules d'une lame de phellogène apparaît entre les glandes du parenchyme herbacé et le liber primaire. Plus tard des arcs de phellogène se forment dans le liber secondaire, et détachent des lentilles de rhytidome, qui, suivant les genres, tombent d'une seule pièce. *Biota, Thuia,* ou se détruit sur place, *Juniperus,* et forme un revêtement filamenteux autour de la tige.

Structure de la feuille (1). — Je distinguerai deux types très-dissemblables extérieurement, et qui diffèrent cependant assez

1. En dehors de quelques espèces des genres *Chamœcyparis* et *Juniperus,* les feuilles des Cupressinées sont sessiles, triangulaires, aplaties, *appliquées sur le rameau ;* souvent même, dans le jeune âge, le rameau est lui-même aplati. La position des stomates varie d'une feuille à l'autre ; en général, les stomates sont placés sur la face de

peu comme structure anatomique : 1° La feuille est sessile, mais séparée du rameau. 2° La feuille est sessile, mais collée au rameau, et dans ce type nous aurons à distinguer le cas des rameaux cylindriques et le cas des rameaux aplatis.

Dans tous les cas, chaque feuille reçoit de la tige un seul faisceau primaire, dont la structure est la même que celle des faisceaux primaires jeunes de la tige ; ce faisceau ne se divise pas dans son parcours à travers le limbe. Sur les bords de chaque faisceau on trouve deux masses de cellules arrondies cubiques, à parois assez épaisses, qui représentent le tissu aréolé des *Cryptomeria*, des *Taxodium* et des *Fitz-Roya*. Ces cellules sont couvertes de ponctuations *simples*, très-profondes, grandes et nombreuses, de sorte que la cellule paraît comme réticulée ; les bords du réticule sont aréolés. Cette forme de tissu est donc intermédiaire entre le *tissu réticulé* et le *tissu aréolé*. Jamais il n'y a de gaine autour des faisceaux.

Le tissu fondamental n'est jamais différencié ; la plupart des cellules de ce tissu, qui sont en contact avec l'épiderme, sont transformées en fibres hypodermiques.

Là où il n'y a pas de stomate, l'épiderme se compose d'une couche de cellules aplaties, à parois assez épaisses en général, deux ou trois fois aussi longues que larges. Les couches cuticulaires des cellules épidermiques sont souvent extrêmement développées.

On trouve toujours entre le faisceau d'une feuille et l'hypoderme de l'angle ou de la face inférieure une glande résinifère qui est tantôt accolée au faisceau, d'autres fois accolée à l'hypoderme inférieur, d'autres fois encore au milieu du parenchyme, à égale distance de l'hypoderme et du faisceau.

---

la feuille qui est tournée vers le sol (*a*). Chez les *Juniperus*, dont les feuilles sont bien développées, les stomates forment un amas triangulaire au milieu de la face supérieure de la feuille. Les stomates ne sont plus disposés sur ces feuilles par files parallèles à la nervure, le plus souvent ils sont comme disséminés au hasard sur la face supérieure de la feuille.

(*a*) A. B. Frank, *Bot. Zeit.*, 1872, n. 38.

1° *Feuilles écartées du rameau (type Juniperus communis).* — Les stomates sont placés sur la face supérieure de la feuille seulement. Là ces stomates sont disséminés sans ordre, ils forment une sorte de triangle blanchâtre au milieu de la face supérieure. La structure de cette partie de l'épiderme et des stomates rappelle celle des bandelettes de *Taxus baccata.*

2° *Feuilles appliquées sur les rameaux.* — I. *Le rameau est cylindrique (Cupressus (1), Frenela, Widdringtonia).* — Le plus souvent la feuille n'a pas de face supérieure ; les stomates forment alors deux petits amas de chaque côté de l'angle inférieur. Souvent ces stomates peuvent manquer. — II. *Le rameau est aplati (Libocedrus, Thuiopsis).* — Les feuilles sont de deux sortes : les feuilles latérales, qui portent toujours des stomates : les feuilles faciales, qui n'en portent pas toujours. Les feuilles latérales paraissent pliées en deux. l'angle inférieur est extrêmement accentué, la face supérieure n'existe pas. La face de l'angle inférieur qui regarde le sol porte un petit groupe de stomates. Des feuilles faciales : les feuilles inférieures ont deux amas de stomates symétriquement disposés de chaque côté de la nervure ; les feuilles supérieures sont dépourvues de stomates.

Dans le type *Cupressus* et dans les *Libocedrus*, la structure des stomates est la même que dans le type *Juniperus.*

Parcours des faisceaux. — Chez les *Juniperus*, le parcours des faisceaux est le même que chez les *Fitz-Roya*. les feuilles sont verticillées par trois. Il en est de même chez les *Frenela.*

Chez les *Callitris*, les feuilles sont verticillées par 2 et les verticilles sont superposés de 2 en 2. Si nous opérons comme nous l'avons fait pour *Fitz-Roya*, chaque verticille ne contient que 2 termes, soit I, II, les membres du premier verticille, soit 1, 2, les membres du verticille immédiatement au-dessus. 1 fournit deux branches à sa partie inférieure ; la branche de droite naît de la gauche du faisceau I. la branche de gauche naît de la droite du faisceau II.

(1) G. A. Pasquale. *Della eterofillia nel* Cupressus funebris. Napoli. **1872.**

Chez les *Widdringtonia*, les feuilles étant disposées suivant un ordre spiral dont le cycle est 5/13, le parcours des faisceaux est le même que chez *Taxus baccata*.

Chez les *Libocedrus*, le parcours des faisceaux primaires reproduit ce que nous avons vu chez les *Callitris*.

Chez les *Biota* et les *Thuia*, le parcours des faisceaux primaires est le même que chez les *Callitris*, à cela près que chaque faisceau ne se divise pas. Supprimez les branches de droite des faisceaux des *Callitris*, et vous aurez le parcours des faisceaux des *Biota* et des *Thuia*; les feuilles sont verticillées par **2**.

Chez les *Chamaecyparis*, les feuilles sont disposées suivant un ordre spiral dont le cycle est 5/13 ; le parcours des faisceaux primaires est le même que chez le *Widdringtonia*, et par conséquent que chez le *Taxus baccata*.

Chez les *Cupressus*, les feuilles sont verticillées par **2**, et le parcours des faisceaux primaires est le même que celui des faisceaux des *Biota* et des *Thuia* (1).

Il n'y a pas lieu de rechercher les caractères que la structure anatomique des Cupressinées peut fournir pour différencier les genres et les espèces. En effet, d'un individu à l'autre, dans une même espèce; bien plus, d'un rameau à l'autre sur un même individu, la structure anatomique varie dans des limites plus étendues que les variations que l'on observe d'un genre à l'autre. Par conséquent, j'ai dû renoncer à caractériser anatomiquement (du moins par des caractères tirés seulement de la structure de la tige et de la feuille) les genres et les espèces des Cupressinées. Par cela même, j'ai dû renoncer à établir les rapports des affinités naturelles des espèces entre elles et avec leur distribution géographique.

---

(1) Th. Lestiboudois, *Ann. des sc. nat.*, 3ᵉ série, 1848, t. **X**.

CONCLUSIONS.

Nous pouvons tirer des faits que je viens d'exposer les conclusions suivantes :

Comparées aux *Conifères*, les *Gnétacées* se distinguent par la présence de gros tubes ponctués dans le bois secondaire des faisceaux de leurs tiges ; par la présence de faisceaux secondaires en dehors de l'anneau des faisceaux primaires. De plus, chaque feuille reçoit plusieurs faisceaux primaires qui restent parallèles chez les *Ephedra* et les *Welwitschia*, ou qui s'anastomosent à l'infini comme chez les *Gnetum* : enfin ces feuilles ne contiennent pas de glandes résinifères.

Comparées entre elles, nous voyons que les trois *Gnétacées* ne diffèrent pas moins par la structure de leurs organes végétatifs que par celle de leurs organes floraux. Ainsi, chez le *Welwitschia* et chez les *Gnetum*, nous trouvons des faisceaux libéroligneux secondaires en dehors du cercle des faisceaux primaires ; les *Ephedra* n'ont rien de semblable. De plus, tandis que chez le *Welwitschia* chacun des faisceaux secondaires de la tige ne peut s'accroître en épaisseur, chez les *Gnetum* l'accroissement de chacun des faisceaux secondaires est indéfini. Chez le *Welwitschia*, le tronc ne se couvre jamais d'une écorce crevassée ; chez les *Ephedra* et chez les *Gnetum*, il y a du rhytidome, mais tandis que les premiers manquent de suber herbacé, les derniers en produisent constamment. Dans les *Gnetum*, les faisceaux primaires de la feuille se divisent, se ramifient, s'anastomosent, tandis que chez les *Ephedra* et le *Welwitschia* les faisceaux primaires des feuilles restent parallèles ; il y en a toujours deux chez les *Ephedra* : chez le *Welwitschia*, chaque feuille en reçoit un très-grand nombre, il est vrai parallèles entre eux.

En comparant entre eux les différents groupes des Conifères, on voit que le *Salisburia* se distingue de tous les autres genres par les cellules grillagées de son liber, par ses glandes résinifères de la moelle. Le genre *Phyllocladus* se reconnaît à ses cladodes. Les *Taxinées proprement dites* et les *Podocarpées* ont un liber formé de couches (concentriques) de cellules parenchymateuses, de cellules grillagées, de fibres libériennes et de cellules grillagées; elles offrent du tissu réticulé de chaque côté de la nervure; mais tandis que chez les premières il n'y a jamais de tissu de transfusion, il y en a dans la plupart des plantes du second groupe.

Les *Abiétinées* et les *Pinées* ont un liber secondaire formé de cellules grillagées disséminées sans ordre au milieu des cellules parenchymateuses; de plus, l'oxalate de chaux forme des cristaux libres dans l'intérieur de ces cellules. Autour des faisceaux des feuilles on trouve du tissu aréolé et une gaîne bien caractérisée. Les Pinées se différencient des Abiétinées par la disposition de leurs feuilles fasciculées.

Le genre *Sciadopitys* est caractérisé par la nature spéciale de ses *aiguilles*.

Les *Séquoiées* présentent le liber des Taxinées proprement dites, et du tissu aréolé près de la nervure; les *Cryptomeria* et les *Taxodium* sont dans le même cas. Ce dernier genre est caractérisé par ses ramules caducs.

Les *Araucariées* offrent la même structure que les Abiétinées et les Pinées, à cela près que les faisceaux des feuilles sont dépourvus de gaîne. Ces faisceaux ne sont que les branches d'un faisceau primaire unique de la feuille.

Les *Cupressinées* sont caractérisées par la présence de glandes résinifères dans leur liber secondaire, dont la structure est la même que chez les Taxinées. Près des faisceaux des feuilles on trouve un tissu intermédiaire entre l'aréolé et le réticulé.

Dans les *Gnétacées*, les trois genres *Ephedra*, *Gnetum* et *Welwitschia* forment des groupes absolument séparés. Mais si dans les *Conifères* on trouve quelques types bien caractérisés, comme les *Abiétinées*, les *Cupressinées*, les *Taxinées*, ces types sont reliés entre eux par des formes qui tiennent à la fois de l'un et de l'autre; d'un genre à l'autre les différences sont beaucoup moins considérables que chez les Gnétacées, et cependant déjà entre deux genres les différences sont beaucoup plus considérables chez les Conifères que chez les autres Phanérogames. A côté de ces types des Abiétinées, des Taxinées et des Cupressinées, on trouve des genres, tels que les *Salisburia*, *Phyllocladus*, *Sciadopitys*, *Fitz-Roya*, qui présentent des différences considérables sur quelques points de la structure de leurs organes végétatifs, quand on la compare à ce qu'on pourrait appeler les types normaux des autres Conifères.

Telles sont les conclusions anatomiques de ce travail ; mais on peut encore déduire de l'examen des tableaux synoptiques placés à la suite de chaque genre, qu'il y a une concordance parfaite entre la distribution géographique des espèces et leur classification naturelle.

EXPLICATION DES PLANCHES

PLANCHE 1.

Welwitschia Hook. f.

Fig. 1. Coupe transversale d'une très-jeune racine secondaire du *Welwitschia mirabilis*, 123/1. — C, centre ; t, trachées : c, c, vaisseaux étroits ; s, s, fibres ligneuses aréolées ; l, l, liber secondaire : p, fibres pseudo-libériennes.

Fig. 2. Coupe transversale d'une vieille racine secondaire (partie centrale). 123/1. — C, centre ; o, système vasculaire primaire central ; a, les deux premiers faisceaux libéro-ligneux secondaires de droite confondus en une seule masse ligneuse ; b, faisceaux libéro-ligneux secondaires ; e, petits cristaux d'oxalate de chaux dans les membranes des cellules du tissu fondamental ; g, glandes résinifères ; s, sclérites.

Fig. 3. Coupe transversale de la région libérienne d'un faisceau secondaire d'une racine secondaire. 236/1. — f, fibres ligneuses ; L, liber.

Fig. 4. Coupe transversale du suber herbacé et du liége d'une racine primaire, 236/1. — a, liége ; b, suber herbacé ; s, sclérites.

Fig. 5. Partie d'une figure représentant une coupe transversale d'une racine secondaire du *Welwitschia* d'après Hooker, 60/1 (*On the Welw.*, planche 12, fig. 16). — f, fibres ligneuses ; l, fibres libériennes ; s, sclérites.

Fig. 6. Coupe tangentielle du liber d'un faisceau libéro-ligneux secondaire d'une vieille racine primaire, 450/1. — a, fibres libériennes striées dans deux sens ; b, cellules grillagées ; c, parenchyme libérien ; m, rayon.

Fig. 7. Trachée d'une racine secondaire. 430/1.

Fig. 8. Fibre ligneuse aréolée d'une racine secondaire, 350/1.

Fig. 9. Cellule grillagée d'une racine secondaire, 700/1.

Fig. 10. Cellule réticulée de la graine protectrice des faisceaux de la feuille, 123/1.

Fig. 11. Coupe radiale du tissu fondamental de la partie supérieure de la tige montrant l'absence d'épiderme, 123 1. — *w*, face externe.

Fig. 12. Coupe radiale de la partie inférieure de la tige montrant la présence de l'épiderme *e*, et la section transversale d'un faisceau descendant, 123/1.— T, tissu fondamental; *l*, fibres ligneuses; *l*, liber ; *s*, sclérites.

Fig. 13. Cellule sclérifiée de la tige, 360/1.

Fig. 14. Cellules ligneuses des faisceaux descendants, 236/1.

Fig. 15. Coupe transversale de l'épiderme et des stomates d'une feuille, 300/1.

Fig. 16. Épiderme de la feuille, vu par la partie supérieure, 125/1.

Fig. 17. Coupe transversale de l'épiderme et du tissu fondamental sous-jacent du pédoncule floral mâle. 123 1. — *e*, épiderme; *h*, hypoderme.

Fig. 18. Coupe radiale d'un faisceau du pédoncule floral mâle, 400/1.— T, tissu fondamental; L, fibres libériennes; *g*, cellules grillagées; *c*, cellules cambiales ; *l*, fibres ligneuses; *t*, trachées; P, fibres pseudo-libériennes.

PLANCHE 2.

Welwitschia Hook. et *Gnetum* Lin.

Fig. 1. Coupe transversale d'un faisceau de la feuille du *Welwitschia*, 236 1. — *l*, liber mou ; *g*, gaine protectrice ; *n*, tissu séveux; *t*, trachées; *l*, fibres ligneuses; *r*, fibres ligneuses très-grosses, à plusieurs rangs de ponctuations aréolées.

Fig. 2. Coupe transversale d'un faisceau du pédoncule floral mâle du *Welwitschia*, 123/1. — *t*, trachées; *l*, fibres ligneuses; *l*, liber mou; L, fibres libériennes; *g*, glande (1).

Fig. 3. Trachée avec ponctuations aréolées de la tige d'un *Gnetum*, 450/1.

Fig. 4. Coupe radiale d'un faisceau primaire de la tige d'un *Gnetum*, 430/1.—*t*, trachée; *r*, vaisseau étroit; V, gros vaisseaux ponctués; *l*, fibres ligneuses.

Fig. 5. Cellules grillagées des faisceaux secondaires d'une vieille tige d'un *Gnetum*, 250 1.

Fig. 6. Épiderme supérieur (vu de face) d'une feuille du *Gnetum Gnemon*, 123/1.

Fig. 7. Épiderme inférieur (vu de face) d'une feuille du *Gnetum Gnemon*, 350/1.

Fig. 8. Coupe transversale de l'épiderme supérieur d'une feuille du *Gnetum Thoa*, 360 1.

Fig. 9. Coupes transversale et radiale de cellules libériennes du liber primaire d'une tige d'un *Gnetum*, 236/1.

Fig. 10. Coupe transversale du liége et du suber herbacé d'une vieille tige d'un *Gnetum*, 350/1.

Fig. 11. Coupe transversale d'un stomate pris sur la face inférieure de la feuille du *Gnetum urens*, 430/1.

(1) Le centre du pédoncule floral est à gauche de la feuille.

Fig. 12. Coupe transversale du liber d'un faisceau secondaire d'une vieille tige d'un *Gnetum*, 360:1. — *a*, liber mou ; *b*, fibres libériennes ; *c*, faisceaux atrophiés ; *d*, gros vaisseaux ponctués ; *e*, cristaux dans les parois des cellules du tissu fondamental ; *f*, cellules sclérifiées ; *g*, faisceau libéro-ligneux secondaire ; *h*, tissu fondamental (1).

PLANCHE 3.

Ephedra Tournefort.

Fig. 1. Coupe transversale de l'un des faisceaux de la nervure de la feuille du *Gnetum ureus*, 360:1. — *f*, fibres ligneuses ; *l*, liber.

Fig. 2. Coupe transversale de l'épiderme et de l'écorce primaire d'une tige de l'*Ephedra altissima* âgée de deux ans environ, 390:1. — *a*, stomate ; *b*, hypoderme.

Fig. 3 (2). Coupe transversale d'un très-jeune faisceau de la tige de l'*Ephedra monostachya*, 236:1. — *t*, trachées ; *e*, vaisseaux étroits ; *f*, fibres ligneuses ; *l*, fibres libériennes.

Fig. 4. Épiderme de la tige jeune de l'*Ephedra humilis*, 200/1.

Fig. 5. Coupe transversale du suber et du vieux liber mou de l'*Ephedra altissima*, 390:1. — *p*, phellogène ; *s*, liége ; *m*, parenchyme libérien.

Fig. 6 (3). Coupe transversale du liber mou d'une très-vieille tige de l'*Ephedra altissima*, 360:1. — *l*, fibre libérienne ; *c*, cellules du parenchyme libérien ; *g*, cellule grillagée ; *r*, cellule du rayon médullaire.

Fig. 7. Coupe transversale du bois secondaire d'une très-vieille tige de l'*Ephedra altissima*, 236:1. — V, gros vaisseau ; *r*, rayon médullaire ; *f*, fibre ligneuse.

Fig. 8 (4). Coupe transversale de la partie vasculaire primaire d'un très-vieux faisceau de la tige de l'*Ephedra altissima*, 236:1. — *t*, trachées.

Fig. 9. Cellules grillagées d'un très-vieux faisceau primaire d'une vieille tige de l'*Ephedra altissima*, 400:1.

Fig. 10. Une des ponctuations grillagées latérales de la figure précédente, vue à un grossissement de 800:1.

Fig. 11. Coupe transversale d'une partie de l'écaille de l'*Ephedra distachya*, 360:1. — *f*, fibres ligneuses ; *t*, trachées ; V, gros vaisseau ponctué ; *h*, hypoderme ; *e*, épiderme de la face interne.

Fig. 12. Schéma de la coupe transversale d'une écaille de l'*Ephedra*. — *f*, *f*, les deux faisceaux.

Fig. 13. Schéma d'une partie de la coupe transversale d'une feuille du *Welwitschia*. — *f*, *f*, faisceaux parallèles non anastomosés et non ramifiés ; *h*, faisceaux d'hypoderme ; *p*, faisceaux de fibres pseudo-libériennes ; *s*, sclérites.

(1) Le centre de la tige est à droite de la feuille.
(2) Le centre de la tige est supposé en haut de la feuille.
(3) Le centre de la tige dans les figures 6 et 7 est supposé en bas de la feuille.
(4) Le centre de la tige est supposé en haut de la feuille.

Fig. 14. Schéma d'une partie de la coupe transversale d'une feuille d'un *Gnetum*. — *f, f, f*, faisceaux de différents ordres; *p*, fibres pseudo-libériennes.

PLANCHE 4 (1).

Salisburia Smith et *Phyllocladus* L. C. Rich.

Fig. 1. Coupe transversale du système tégumentaire d'une jeune tige du *Salisburia adiantifolia*, 300/1. — *e*, épiderme; *h*, hypoderme; *p*, périderme; P, phellogène, *m*, tissu fondamental; *g*, glande résinifère.

Fig. 2. Coupe transversale de l'étui médullaire d'une jeune tige du *Salisburia*. — *g*, glande de la moelle, 360/1; *t*, trachées.

Fig. 3. Coupe radiale de l'étui médullaire d'une jeune tige du *Salisburia* montrant les vaisseaux étroits compris entre les trachées et les fibres ligneuses aréolées.

Fig. 4. Schéma du parcours des faisceaux fibro-vasculaires primaires d'une jeune tige du *Salisburia*. Cette figure montre surtout le trajet du faisceau *p*. et les rapports de ce faisceau avec les faisceaux voisins.

Fig. 5. Coupe transversale du liège secondaire dans une vieille tige du *Salisburia*, 280/1. — *l*, liége; P, phellogène; L, liber mou.

Fig. 6. Coupe transversale du liber d'une vieille tige du *Salisburia*, 350/1.

Fig. 7. Coupe radiale du liber d'une très-vieille tige du *Salisburia*. — *g*, cellules grillagées; *f*, fibres libériennes; *p*, parenchyme libérien. 360/1.

Fig. 8. Une partie d'une ponctuation grillagée du *Salisburia*, vue à un grossissement de 950 diamètres. Cette ponctuation a été prise sur une cellule grillagée très-âgée.

Fig. 9. Épiderme supérieur d'une feuille du *Salisburia*, 82/1.

Fig. 10. Épiderme inférieur d'une feuille du *Salisburia*, 82/1.

Fig. 11. Coupe transversale d'une nervure de la feuille du *Salisburia*, 360/1. — *t*, trachées; *g*, gaine; *l*, liber; *f*, fibres ligneuses.

Fig. 12. Schéma de la coupe transversale d'une feuille du *Salisburia*. — *n*, nervure; *g*, glande résinifère; S, face supérieure; I. face inférieure.

Fig. 13. Coupe transversale du pétiole d'une feuille du *Salisburia*, 123/1. — *m*, membrane protectrice; *g*, glande; *f*, faisceau dont les trachées sont en *t*.

Fig. 14. Cellule réticulée de la gaine protectrice *m* de la figure précédente, 200/1.

Fig. 15. Coupe radiale de l'écaille du *Salisburia*, 123/1. — *g*, glande; *c*, cristaux d'oxalate de chaux; *l*, liége; *e*, épiderme externe.

Fig. 16. Épiderme inférieur (vu de face) du cladode du *Phyllocladus hypophylla*, 82/1.

Fig. 17. Épiderme supérieur (vu de face) du cladode du *Phyllocladus hypophylla*, 82/1.

Fig. 18. Coupe transversale des stomates de la tige du *Phyllocladus asplenifolia*, 360/1.

(1) Dans les figures 1, 2, 5, 6, le centre de la tige est en bas de la feuille. Dans la figure 3, l'axe de la tige est à droite de la feuille. Dans les figures 11, 13, 19, la face supérieure est vers le haut de la feuille. Dans la figure 20, la face supérieure est à droite de la feuille.

Fig. 19. Coupe transversale de l'écaille du *Phyllocladus trichomanoides*, 236/1.
— *f*, faisceau; *g*, glande résinifère.

Fig. 20. Coupe transversale d'une feuille du *Phyllocladus trichomanoides*, 236/1.
— *f*, faisceau; *g*, glande résinifère; *t*, tissu réticulé.

PLANCHE 5 (1).

Taxus Tourn., *Torreya* Arnott, *Cephalotaxus* S. Z.

Fig. 1. Coupe transversale d'une nervure d'un cladode, du *Phyllocladus hypophylla*,
236/1. — *f*, faisceau; *g*, glande; *m*, grande cellule du parenchyme.

Fig. 2. Schéma de la coupe transversale d'une tige du *Phyllocladus rhomboidalis*.
— Les numéros 0, 1, 2.... indiquent l'ordre d'émergence des faisceaux.

Fig. 3. Coupe radiale de l'étui médullaire d'une jeune tige du *Taxus baccata*, 350/1.
— *t*, trachées; *c*, vaisseaux étroits; *f*, fibres ligneuses.

Fig. 4. Coupe transversale du liber d'une très-vieille tige du *Taxus baccata*, 300/1.
— *l*, fibre libérienne; *m*, cellule grillagée; *p*, cellule du parenchyme libérien.

Fig. 5. Coupe transversale du liber d'une très-vieille tige du *Cephalotaxus pedunculata* (pour la signification des lettres, voy. figure 4).

Fig. 6. Ponctuation grillagée d'après la figure *m*, pl. 5, des *Voll. naturgesch. der
forstlichen Culturpflanzen* de M. Th. Hartig.

Fig. 7. Grillages latéraux des cellules grillagées d'une très-vieille tige du *Cephalotaxus
pedunculata*, 420/1.

Fig. 8. Une ponctuation grillagée prise sur les cellules grillagées d'une vieille tige du
Taxus baccata, 800/1.

Fig. 9. Reproduction de la figure 6, planche 9, des *Voll. naturgesch. der forstlichen
Culturpflanzen* de M. Th. Hartig. — *a*, cellules grillagées; *b*, cellule libérienne non
encore épaissie et dont la paroi est couverte de granulations; *bb*, épaississement cellulaire flottant dans la cavité d'une cellule dont les parois sont couvertes de granules;
i, cellules du parenchyme libérien.

Fig. 10. Coupe transversale d'une très-grosse fibre libérienne d'une très-vieille tige du
Taxus baccata, 950/1. — *a*, partie de la membrane qui appartient à la cellule grillagée A; *f*, fibre libérienne dont la partie externe de la paroi s'est différenciée et a
pris l'aspect d'une membrane primaire; *c*, cristaux d'oxalate de chaux qui sont nés
dans une *matière intermédiaire m*, laquelle est apparue dans le milieu de la lame
commune à la cellule grillagée et à la fibre libérienne.

Fig. 11. Coupe transversale du liber d'une vieille tige du *Cephalotaxus pedunculata*
montrant la formation du phellogène.

Fig. 12. Coupe transversale du système tégumentaire du *Torreya taxifolia*, 236/1. —

(1) Dans les figures 4, 5, 9, 11, 13, le centre de la tige est en bas. Dans les fig. 3, 4,
l'axe de l'organe est à droite. Dans la figure 12, le centre de la tige est à gauche de
la feuille.

e, épiderme; *l*, liége; P, phellogène; E, parenchyme herbacé; *g*, glande résinifère ; L, liber.

Fig. 13. Coupe transversale du système tégumentaire du *Taxus baccata*, 236/1. — Les lettres désignent les mêmes objets que dans la figure 11.

Fig. 14. Coupe transversale (schéma) de la feuille du *Taxus baccata*.—*n*, nervure ; *t*, tissu réticulé ; *e*, épiderme ; *p*, parenchyme en palissade.

Fig. 15. Épiderme de la bandelette du *Taxus baccata* (vu de face).

Fig. 16. Épiderme supérieur de la feuille du *Taxus baccata* (vu de face), 100/1.

Fig. 17. Coupe transversale d'un stomate de la feuille du *Taxus montana*, 430/1.

Fig. 18. Coupe transversale de l'épiderme supérieur d'une feuille du *Taxus Walli-chiana*, 425/1.

Fig. 19. Coupe du bord de la feuille d'un *Taxus*, 236/1.

Fig. 20. Coupe transversale d'une nervure dans la feuille du *Taxus baccata*, 360/1. — *t*, tissu réticulé ; *n*, fibres ligneuses; *l*, liber.

Fig. 21. Coupe transversale (schéma) de la feuille du *Torreya nucifera*.—Les lettres désignent les mêmes objets que dans la figure 14. *g*, glande; *s*, stomates.

Fig. 22. Partie de la bandelette d'une feuille du *Torreya taxifolia* (vue de face), 200/1.

Fig. 23. Épiderme supérieur (vu de face) de la feuille du *Torreya nucifera*, 123/1.

Fig. 24. Coupe transversale des stomates de la bandelette de la feuille du *Torreya nucifera*, 400/1.

Fig. 25. Coupe transversale de l'épiderme supérieur de la feuille du *Torreya nucifera*, 400/1.

Fig. 26. Schéma de la coupe transversale de la feuille du *Cephalotaxus Fortunei*.

Fig. 27. Épiderme de la bandelette de la feuille du *Cephalotaxus Fortunei* (vu de face), 123/1.

Fig. 28. Épiderme de la face supérieure de la feuille du *Cephalotaxus Fortunei* (vu de face), 123/1.

Fig. 29. Coupe transversale d'un stomate de la feuille du *Cephalotaxus pedunculata*, 410/1.

Fig. 30. Coupe transversale de l'épiderme supérieur de la feuille du *Cephalotaxus Fortunei*, 410/1.

PLANCHE 6 (1).

Podocarpées.

Fig. 1. Rameau du *Taxus baccata*.

Fig. 2. Coupe transversale de l'étui médullaire du *Podocarpus elongata*, 280/1.

Fig. 3. Schéma de la coupe transversale de la feuille d'un *Podocarpus*. — *a*, épiderme ;

(1) Dans la figure 2. le centre de la tige est vers le bas. Dans les figures 4, 12, 14, 19, la face supérieure de l'organe est vers le haut de la feuille.

b, hypoderme ; *g*, glande résinifère ; *p*, parenchyme en palissade ; T, tissu de transfusion ; R, tissu réticulé ; *n*, nervure ; S, bandelette.

Fig. 4. Coupe transversale de la nervure d'une feuille du *Podocarpus elongata*.— Les lettres ont la même signification que dans la figure précédente, 360/1.

Fig. 5. Coupe transversale de la glande résinifère de la feuille du *Podocarpus glomerata*, 236/1.

Fig. 6. Coupe transversale de l'épiderme supérieur et de l'hypoderme d'une feuille du *Podocarpus macrophylla*, 310/1.

Fig. 7. Épiderme supérieur de la feuille du *Podocarpus chilina*, 123/1.

Fig. 8. Épiderme supérieur de la feuille d'un *Podocarpus ferruginea*, 236/1.

Fig. 9. Schéma de la coupe transversale d'une feuille du *Prumnopitys*. — Les lettres désignent les mêmes objets que dans la figure 3.

Fig. 10. Schéma de la coupe transversale d'une feuille d'un *Polypodiopsis*.— Voyez, pour les lettres, la figure 3.

Fig. 11. Coupe transversale de l'épiderme supérieur d'une feuille du *Podocarpus andina*, 360/1.

Fig. 12. Coupe transversale de la nervure d'une feuille du *Podocarpus vitiensis*, 60/1.

Fig. 13. Schéma de la coupe transversale d'une feuille d'un *Nageia*. — Voyez, pour la signification des lettres, la figure 3.

Fig. 14. Coupe transversale d'une nervure de la feuille du *Podocarpus japonica*, 360/1. — Voyez, pour les lettres, la figure 3.

Fig. 15. Épiderme supérieur d'une feuille du *Podocarpus japonica* (vu de face), 82/1.

Fig. 16. Paroi latérale de deux cellules épidermiques de la feuille du *Podocarpus Blumei*, vue par la partie supérieure, 480/1.

Fig. 17. Schéma de la coupe transversale d'une feuille d'un *Dacrydium*. — Voyez, pour la signification des lettres, la figure 3.

Fig. 18. Épiderme de la feuille du *Podocarpus cupressina* (vu par sa face externe), 123/1.

Fig. 19. Coupe transversale de la nervure d'une feuille de *Podocarpus dacrydioides*, 360/1.

Fig. 20. Coupe transversale de l'épiderme supérieur d'une feuille du *Podocarpus japonica*, 200/1.

Fig. 21. Coupe transversale des cellules de l'épiderme du *Podocarpus elatum*, 500/1.

PLANCHE 7 (1).

Abiétinées et Pinées.

Fig. 1. Coupe transversale de l'étui médullaire d'un jeune *Tsuga Hookeriana*, 360/1. — T, trachées ; F, fibres ligneuses ; R, rayon médullaire.

(1) Dans toutes les figures relatives à la tige, le centre de cet organe est vers le bas de la feuille.

Fig. 2. Coupe transversale d'une glande de l'étui médullaire du *Pinus Cembra*, 360/1.
— *g*, glande; *t*, trachées; F, fibres ligneuses.

Fig. 3. Coupe transversale de la zone cambiale du *Pinus Strobus*, montrant la formation des glandes résinifères du bois secondaire, 360/1.— G, glandes; F, fibres ligneuses; L, liber mou.

Fig. 4. Coupe transversale de la zone cambiale du *Pinus Strobus*, montrant un rayon médullaire secondaire transformé en tissu glanduleux, 400/1. — L, cambium: M, rayon médullaire; F, fibres ligneuses; *r*, globules de résine.

Fig. 5. Coupe transversale du vieux liber secondaire du *Pinus Strobus*, 360/1. — A, parenchyme libérien; en C, les cellules de ce tissu contiennent des cristaux; B, cellules grillagées; M, rayon médullaire.

Fig. 6. Coupe transversale du liége secondaire du *Pinus Pinaster*, 360/1.—A, cellules du liége à parois fortement épaissies; B, liége; P, phellogène; M, cellules du parenchyme libérien et cellules des rayons médullaires secondaires; C, cellules grillagées.

Fig. 7. Coupe transversale des cellules du liége secondaire de l'*Abies Gordoniana*, montrant les épaississements singuliers des faces externes des cellules, 360/1.

Fig. 8. Coupe transversale du liége secondaire de l'*Abies pectinata*, 123/1.—L, liége; P, phellogène; S, suber herbacé.

Fig. 9. Coupe transversale du liége primaire du *Pinus monophylla*, 236/1.—E, épiderme; L, liége et phellogène; T, tissu fondamental.

Fig. 10. Rameau du *Tsuga canadensis* (g. n.).

Fig. 11. Rameau du *Pseudotsuga Douglasii* (g. n.).

Fig. 12. Rameau du *Picea excelsa* (g. n.).

Fig. 13. Rameau de l'*Abies Pinsapo* (g. n.).

Fig. 14. Rameau du *Cedrus Deodara* (g. n.), pousse courte allongée en pousse terminale.

Fig. 15. Rameau du *Pinus Pinea* très-jeune; il n'a encore que de petites feuilles écailleuses (g. n.).

Fig. 16. Rameau du *Pinus Cembra* ayant à la fois des feuilles fasciculées et des feuilles simples (g. n.).

Fig. 17. Coupe transversale d'un stomate de la feuille du *Pinus Pinea*, 360/1.

Fig. 18. Coupe transversale de l'épiderme supérieur d'une feuille de l'*Abies pectinata*, 360/1.

Fig. 19. Coupe transversale de l'épiderme du bord de la feuille du *Pinus Pinaster*, 360/1.

Fig. 20-25. Passage des faisceaux primaires de la tige dans la feuille et dans l'aiguille du *Pinus monophylla*.—*p*, faisceau se rendant à la feuille; dans l'aisselle de celle-ci apparaît le système M 13, M 8 de la pousse courte. $p + 13$ et $p + 8$ sont les faisceaux de la tige qui fournissent M 13 et M 8. *x*, *y*, trace horizontale du plan vertical d'émergence du faisceau *p*; *o*, axe du système M 13, M 8. — Dans la figure 20, M 13 et M 8 se séparent de l'anneau ligneux. — Fig. 21, 22, les deux masses M 13 et M 8 s'orientent par rapport au centre *o*. — Fig. 23, 24, 25, le cylindre ligneux M 13, M 8 s'ouvre suivant le rayon *oy* et s'étale sur le plan tangent perpendiculaire au rayon *ox*.

PLANCHE 8 (1).

Abiétinées.

Fig. 1. Coupe transversale de la nervure d'une feuille du *Tsuga canadensis*, 360/1. G, glande résinifère ; *g*, gaine ; T, tissu aréolé.

Fig. 2. Schéma de la coupe transversale d'une feuille d'un *Tsuga*. — E, épiderme ; H, hypoderme ; S, stomates. Pour les autres lettres, voyez fig. 1.

Fig. 3. Épiderme supérieur de la feuille du *Tsuga canadensis*, 120/1.

Fig. 4. Épiderme de la bandelette de la feuille du *T. canadensis*, 120/1.

Fig. 5. Coupe transversale de la nervure d'une feuille de l'*Abies bracteata*. — Voyez, pour la signification des lettres, fig. 1, 360/1.

Fig. 6. Schéma de la coupe transversale d'une feuille d'un *Abies*. — Voyez, pour la signification des lettres, fig. 1. 6. *a*, glande résinifère ; β, glandes hypodermiques ; α. glandes parenchymateuses.

Fig. 7. Épiderme supérieur d'une feuille de l'*Abies Pinsapo*, 200/1.

Fig. 8. Épiderme inférieur d'une feuille de l'*A. cephalonica*, 200/1.

Fig. 9. Coupe transversale de la nervure d'une feuille du *Pseudotsuga Davidiana*, 360/1. — Voyez, pour la signification des lettres, la fig. 1.

Fig. 10. Schéma d'une coupe transversale de feuille d'un *Pseudotsuga*. — Voyez, pour la signification des lettres, la fig. 1.

Fig. 11. Coupe transversale d'une feuille du *Picea excelsa*, 360/1. — Voyez, pour la signification des lettres, la fig. 1.

Fig. 12. Schéma de la coupe transversale d'une feuille du *Picea*. — Voyez, pour la signification des lettres, la fig. 1.

Fig. 13. Section longitudinale d'une feuille du *Picea excelsa*, 360/1. — F, cellules du tissu fondamental de la feuille épaissie ; H, hypoderme ; E, épiderme ; T, tissu fondamental de la tige.

Fig. 14. Section transversale d'une glande du *Picea excelsa*, 360/1. — E, épiderme ; H, hypoderme ; G. glande.

Fig. 15. Schéma d'une coupe transversale d'une feuille d'un *Cedrus*. — Voyez, pour l'explication des lettres, la fig. 1.

Fig. 16. Coupe transversale d'une nervure de la feuille du *Larix americana*, 360/1. — Voyez, pour l'explication des lettres, la fig. 1.

Fig. 17. Schéma de la coupe transversale d'une feuille d'un *Larix*. — Voyez, pour l'explication des lettres, la fig. 1.

Fig. 18. Coupe transversale du bord d'une feuille du *Larix europea*, 360/1. — *a*, glande ; H, hypoderme ; E, épiderme ; T. tissu fondamental.

---

(1) Toutes les coupes transversales de nervures sont placées en supposant la face supérieure de la feuille vers le haut de la feuille.

Fig. 19. Coupe transversale d'une feuille du *Picea polita*, 360/1. — Voyez, pour l'explication des lettres, fig. 1. θ, tissu fondamental.

PLANCHE 9 (1).

Pinées.

Fig. 1. Coupe transversale d'une écaille du *Pinus Strobus*, 360/1. — *e''*, épiderme et hypoderme de la face externe ; *e'*, épiderme de la face interne ; *n*, nervure ; *t*, tissu fondamental.

Fig. 2. Coupe transversale du tissu fondamental des feuilles fasciculées des *Pinus*, 236/1.

Fig. 3. Coupe transversale de la nervure de la feuille du *P. Pinaster*, 360/1.

Fig. 4. Schéma de la coupe transversale d'une feuille fasciculée d'un *Pinus* (*Pinaster*). — S, stomates ; E, épiderme et hypoderme ; P, tissu fondamental plissé ; G, glande résinifère ; *g*, gaine ; *n*, faisceaux.

Fig. 5. Coupe transversale d'une nervure de l'aiguille du *Pinus monophylla*, 360/1.

Fig. 6. Schéma de la coupe d'une aiguille du *Pinus monophylla*. — Voyez la signification des lettres, fig. 4.

Fig. 7. Coupe transversale schématique d'une feuille fasciculée d'un *Pinus* (*Tœda*). — Voyez, pour les lettres, la fig. 4.

Fig. 8. Coupe transversale schématique d'une feuille simple d'un *Pinus* (*Cembra*). — Voyez, pour les lettres, la fig. 4.

Fig. 9. Schéma de la coupe transversale d'une feuille d'un *Pinus* (*Strobus*). — Voyez, pour les lettres, la fig. 4.

Fig. 10. Coupe transversale d'une nervure de la feuille d'un *Pinus Strobus*, 360/1.

Fig. 11. Schéma de la coupe transversale d'une feuille d'un *Pinus* (*Pseudostrobus*). — Voyez, pour les lettres, la figure 4.

Fig. 12. Coupe transversale de la nervure d'une feuille du *Pinus occidentalis*, 360/1.

PLANCHE 10.

Sciadopitys verticillata S. Z.

Fig. 1. Coupe transversale de l'écorce d'une jeune tige du *Sciadopitys verticillata*, 360/1.—E, épiderme ; H, hypoderme ; G, glande résinifère de l'hypoderme ; L, liége ; P, phellogène ; T, parenchyme herbacé ; M, rayon médullaire ; A, liber mou ; C, cambium ; F, fibres ligneuses.

Fig. 2. Coupe transversale du bord de l'écaille du *Sciadopitys*, 360/1. — *e*, épiderme ; *h*, hypoderme.

(1) Dans les figures 3, 5, 10, la face supérieure de l'organe est supposée en haut de la feuille de papier. Dans la figure 12, elle est supposée à droite.

Fig. 3. Coupe transversale de la partie médiane d'une écaille du *Sciadopitys*, 123/1.
— *n*, faisceau; *g*, glande; *e*, épiderme; *h*, hypoderme.

Fig. 4. Partie inférieure d'une coupe transversale d'une aiguille du *Sciadopitys*, 123/1.
— *n*, faisceau; T, tissu aréolé; *g*, gaine; O, tissu fondamental; *s*, stomates;
h, hypoderme; *e*, épiderme.

Fig. 5. Coupe transversale du système vasculaire d'une aiguille et de l'écaille à l'aisselle
de laquelle elle doit naître. 360/1. — A, faisceau de la feuille; B et C, faisceaux de
l'aiguille; G, glande résinifère qui va passer dans l'écaille où se rend le faisceau A;
X Y, trace du plan vertical d'émergence du faisceau A; O, centre du système vasculaire de l'aiguille.

Fig. 6. Coupe transversale d'une tige du *Sciadopitys*, d'après M. Strasburger (voy.
Die Gnetaceen und die Coniferen, pl. 26, fig. 5).

Fig. 7. Cellule rameuse du parenchyme fondamental de l'aiguille du *Sciadopitys*,
230/1.

Fig. 8. Épiderme supérieur d'une aiguille du *Sciadopitys*, 236/1.

Fig. 9. Épiderme de la bandelette d'une aiguille du *Sciadopitys* (vu de face), 236/1.

Fig. 10. Coupe transversale d'un stomate du *Sciadopitys*, 360/1.

Fig. 11. Coupe longitudinale d'un stomate du *Sciadopitys*, 360/1.

Fig. 12. Schéma d'une coupe transversale d'une aiguille du *Sciadopitys*. — F, faisceaux; G, gaine; *g*, glande résinifère; S, stomates, bandelette et sillon de la face
inférieure; *s*, sillon de la face supérieure.

Fig. 13. Rameau du *Sciadopitys* (g. n.).

PLANCHE 11.

Séquoiées, Araucariées.

Fig. 1. Coupe tangentielle du vieux liber secondaire du *Cunninghamia sinensis*, traitée
par l'acide chlorhydrique, 360/1.

Fig. 2. Cellule grillagée du *Cunninghamia*, 400/1.

Fig. 3. Épiderme des bandelettes du *C. sinensis*, 360/1.

Fig. 4. Feuilles fasciculées du *C. sinensis*, 3/1.

Fig. 5. Rameau du *C. sinensis* portant plusieurs faisceaux de feuilles fasciculées (g. n.).

Fig. 6. Schéma d'une coupe transversale d'une feuille normale d'un *Cunninghamia*.
— E, épiderme; H, hypoderme; P, parenchyme en palissade; P', fibres hypodermiques; *p*, parenchyme rameux; *s*, stomates; G, glande résinifère; T, tissu aréolé.

Fig. 7. Rameau du *Sequoia gigantea* (g. n.).

Fig. 8. Épiderme supérieur de la feuille du *S. sempervirens*, 123/1.

Fig. 9. Schéma de la coupe transversale d'une feuille normale du *S. sempervirens*.
— Voyez, pour les lettres, la figure 6.

Fig. 10. Schéma de la coupe transversale d'une feuille normale du *S. gigantea*. —
Voyez, pour les lettres, la figure 6.

148   **C. E. BERTRAND.**

Fig. 11. Stomate vu de face de la feuillle du *S. gigantea*, 123/1.

Fig. 12. Schéma de la coupe transversale d'une feuille d'un *Arthrotaxis*. — Voyez, pour les lettres, la figure 6.

Fig. 13. Épiderme inférieur d'une feuille de l'*Arthrotaxis laxifolia*, 236/1.

Fig. 14. Stomate de la feuille de l'*Arthrotaxis laxifolia*, vu de face, 360/1.

Fig. 15. Schéma de la coupe transversale d'une feuille d'un *Colymbea*. — Voyez, pour les lettres, la figure 6.

Fig. 16. Schéma de la coupe transversale d'une feuille d'un *Eutacta*. — Voyez, pour les lettres, la figure 6. P′ désigne ici des sclérites.

Fig. 17. Coupe transversale d'une nervure de l'*Araucaria Cunninghami*, 360/1.

Fig. 18. Schéma de la coupe transversale d'une vieille feuille d'un *Altingia*. — Voyez, pour les lettres, la figure 6.

PLANCHE 12.

Cupressinées.

Fig. 1. Coupe transversale d'une nervure du *Dammara Browni*, 360/1.

Fig. 2. Stomates d'une feuille du *Dammara orientalis*, 360/1.

Fig. 3. Épiderme supérieur d'une feuille du *D. Brownii*, 123/1.

Fig. 4. Épiderme supérieur d'une feuille du *D. Morii*, 85/1.

Fig. 5. Épiderme de la bandelette de la feuille du *Cryptomeria*, 200/1.

Fig. 6. Schéma de la coupe transversale d'une feuille du *Cryptomeria*. — E, épiderme; H, hypoderme; S, stomates; G, glande; T, tissu aréolé.

Fig. 7. Schéma de la coupe transversale d'une feuille du *Fitz-Roya*. — Voyez, pour les lettres, la figure 6.

Fig. 8. Coupe radiale du liber secondaire du *Fitz-Roya*. 360/1.

Fig. 9. Coupe transversale du liber secondaire du *Fitz-Roya*, 236/1.

Fig. 10. Schéma du parcours des faisceaux primaires de la tige du *Fitz-Roya*.

Fig. 11. Schéma de la coupe transversale d'une feuille du *Juniperus*. — Voyez, pour l'explication des lettres, la figure 6.

Fig. 12. Coupe transversale d'une glande libérienne du *Cupressus communis*, 360/1. — G, G, glande; L, fibres libériennes: C, C, cellules grillagées. La coupe a été traitée par l'acide chlorhydrique.

Fig. 13. Schéma de la coupe transversale de la racine du *Welwitschia mirabilis*. — C, centre; *p*, *p*, faisceaux vasculaires primaires; *s*, *s*, les quatre faisceaux secondaires libéro-ligneux du premier ordre; *s′*, *s′*, les faisceaux secondaires du second ordre; *s″*, *s″*, les faisceaux du troisième ordre; *p*, phellogène. La partie des faisceaux la plus sombre représente la partie ligneuse; la partie claire représente la région libérienne; G, glande résinifère.

Fig. 14. Schéma de la coupe longitudinale d'une tige du *Welwitschia mirabilis*. — *f*, feuille; M, faisceau médian; A, *a*, *a*. *a*, faisceaux ascendants; D, faisceaux descendants; *d*, les anastomoses de ces faisceaux; *z*, zone cambiale. Le gros trait noir qui va de *y* en *r* représente l'épiderme ; *c*, *c*, partie dure qui doit sa consistance aux nombreuses sclérites qui y sont contenues ; ? ? région centrale dont la structure est inconnue.

Fig. 15. Schéma de la coupe transversale d'une tige d'un *Gnetum*. — C, centre ; M, moelle ; T, trachées ; *p*, faisceaux primaires ; *s*, faisceaux secondaires du premier ordre ; *s'*, *s''*, faisceaux secondaires du deuxième et du troisième ordre ; P, phellogène ; B, bois ; L, liber de chaque faisceau ; V. gros vaisseaux ponctués.

Fig. 16. Schéma de la coupe transversale d'une tige d'*Ephedra*. C, centre ; M, moelle ; T, trachées ; V, gros vaisseaux ponctués ; B, bois ; L, liber ; *l*, *l*, phellogène.

Fig. 17. Schéma de la coupe transversale d'une tige d'un *Pinus*. C, centre ; M, moelle ; T, trachées ; B, bois ; L, liber ; G, glandes résinifères du bois ; G''', glandes résinifères du liber ; G'', glandes résinifères de l'écorce ; *l*, *l*, phellogène.

Fig. 18. Schéma de la coupe transversale d'une tige de *Taxinée*. — Pour la signification des lettres, voyez la figure 17, G', glande résinifère de la moelle du *Salisburia*.

Vu et approuvé, le 29 janvier 1874.

Le doyen de la Faculté des sciences,

MILNE EDWARDS.

Permis d'imprimer, le 30 janvier 1874.

   Le vice-recteur de l'Académie de Paris,

     A. MOURIER.

DEUXIÈME THÈSE

PROPOSITIONS DONNÉES PAR LA FACULTÉ

GÉOLOGIE. — Comparaison entre les terrains tertiaires du nord et du midi de la France.

ZOOLOGIE. — Caractères des Anthropomorphes. — Caractères de l'Homme. — Valeur des caractères qui différencient l'Homme des Singes.

Vu et approuvé, le 29 janvier 1874.
Le doyen de la Faculté des sciences,

MILNE EDWARDS.

Permis d'imprimer, le 30 janvier 1874.
Le vice-recteur de l'Académie de Paris,

A. MOURIER.

PARIS. — IMPRIMERIE DE E. MARTINET, RUE MIGNON, 2

Welwitschia Hook.

Welwitschia Hook. Gnetum Linn.

Pierre sc.

Ephedra Toam.

Salisburia   Phyllocladus Rich. l. c

Taxus baccata Gaudeya & Cephalotaxus N.° 2

Podocarpées

Abietinées. Pinées.

Abietinées.

Callipteris verticillata N. Z.

Acquoïdes Aranéiformes.

Cupressinées.